AF454043

6ᵉ EXPOSITION
DES PRODUITS

DES MEMBRES

De l'Académie de l'Industrie,

A L'ORANGERIE DES TUILERIES,

EN 1842.

———•———

CATALOGUE
DES PRODUITS

PRÉSENTÉS

POUR FIGURER A CETTE EXPOSITION,

RÉDIGÉ

Sur les notices remises par MM. les Industriels.

———

CE LIVRET SE DISTRIBUE

A l'Orangerie des Tuileries, galerie d'exposition,

Et au bureau de l'Académie de l'Industrie,

Place Vendôme, 22.

———

PARIS,
IMPRIMERIE DE GUIRAUDET ET JOUAUST,
Rue Saint-Honoré, n° 315.

—.

1842

ACADÉMIE DE L'INDUSTRIE.

BUT DE LA SOCIÉTÉ.

Chaque année l'Académie de l'industrie fait une exposition des produits de ses membres. Celle de 1842 se tiendra à l'Orangerie des Tuileries, et ouvrira le 27 juin pour durer jusqu'au 19 juillet.

Tous les jours des comités spéciaux examinent les objets qui lui sont adressés par les membres au local de l'Académie, et ceux qui ne peuvent être déplacés sont examinés par une commission qui se rend sur les lieux. Des rapports sont faits sur ces objets.

Pour obtenir ces résultats, 1° elle propose et décerne des prix et des récompenses; 2° elle accorde des médailles d'honneur en or, platine, argent et bronze; 3° elle correspond avec les corps savants et les établissements industriels.

L'Académie publie un journal semi-périodique contenant 1° l'exposé des comptes rendus de ses séances et de ses actes, les décisions de son conseil d'administration, le dépouillement de la correspondance, la nomenclature des ouvrages offerts, l'examen des principes et des méthodes les plus favorables aux progrès des trois industries; 2° les ouvrages couronnés par elle; 3° les renseignements qu'elle peut se procurer sur les établissements, les travaux et les productions en tout genre qui, dans les divers pays, ont pour objet l'amélioration et l'avancement des industries agricole, manufacturière et commerciale.

L'Académie publie également, et aussi souvent que ses facultés financières peuvent le lui permettre, la collection des documents imprimés ou manuscrits recueillis dans les ouvrages, mémoires ou rapports, tant anciens que modernes, en langue française ou étrangère, relatifs à l'industrie.

L'Académie se compose aujourd'hui d'un grand nombre de membres français et étrangers, y compris les membres correspondants.

On fait partie de la Société comme membre *titulaire* ou *correspondant*.

Les membres titulaires peuvent être ou *copropriétaires*, payant une cotisation annuelle de 30 fr., ou *non copropriétaires*, ne payant par an que 15 fr.

Les membres *copropriétaires* jouissent de plusieurs avantages, dont un des principaux est de recevoir *gratuitement* les publications de toute nature ordonnées par l'Académie.

Les *non-copropriétaires* ne reçoivent que le journal mensuel de ses travaux, mais aucun de ses mémoires.

La qualité de membre *copropriétaire* n'engage jamais à d'autre solidarité que celle de la cotisation annuelle de 30 fr.

Dans le cas de dissolution de la Société, les copropriétaires *seuls* sont appelés à jouir des *droits spéciaux* que leur accordent les statuts constitutifs.

Pour faire partie de l'Académie, il faut être présenté par un membre, et être agréé par le conseil d'administration.

Les personnes désignées aux suffrages de l'Académie sont priées d'indiquer avec précision, dans leur lettre d'adhésion aux statuts, *le titre* sous lequel elles désirent être inscrites sur les listes de l'institution, et *d'écrire très lisiblement* leurs nom, prénoms, qualités, lieu de leur domicile, etc.

Les titres précités ne peuvent s'accorder qu'aux personnes qui se soumettent à l'une des cotisations annuelles ci-dessus prescrites.

Tous les membres indistinctement ont le droit de présenter des candidats, de jouir de la bibliothèque, des dépôts et archives de la Société, d'assister aux séances générales et des comités, etc.

Ils peuvent passer d'une classer dans une autre, et même se retirer entièrement, en prévenant le conseil, avant la fin de chaque année, de leurs intentions à cet égard. Ils paieront toutefois la *cotisation* de l'année commencée.

Ils reçoivent un diplôme *en papier* ou *en parchemin*, à leur choix. Le premier, dont le prix est de 5 fr., est *obligatoire ;* le second, dont le prix est de 15 fr., est facultatif.

L'Académie publie régulièrement, depuis sa fondation, sous le titre de *Journal de ses travaux*, un bulletin mensuel qui, indépendamment de l'analyse de ses séances, rapports, etc., contient un grand nombre d'articles capables d'intéresser à un haut degré les agriculteurs, les manufacturiers et les commerçants.

Tous les numéros parus depuis le 1er janvier de l'année de leur admission, ainsi qu'un diplôme, sont adressés francs de port aux membres cotisés, dès qu'ils *ont adhéré par écrit* aux statuts de la Société, et acquitté le montant de la cotisation et du diplôme.

Outre le journal mensuel de ses travaux, l'Académie publie un recueil de *Mémoires* qui n'est envoyé *gratuitement* qu'aux membres qui paient une cotisation annuelle de 30 fr. Six volumes de ces Mémoires et douze du Journal ont paru.

Elle met annuellement au concours un ou plusieurs sujets de prix, indépendamment des sommes destinées à délivrer des *médailles d'honneur d'or*, de platine, d'argent et de bronze, aux membres de la Société dont les *communications* sont jugées les plus utiles, et aux auteurs des découvertes les plus importantes.

Les mémoires, documents, communications, que les membres de l'Académie ou autres personnes veulent bien lui adresser, sont insérés, en leur nom, quand les comités les ont jugés utiles, dans son bulletin mensuel, ou dans le recueil de ses Mémoires, sous un numéro d'ordre, et concourent pour les récompenses qui sont distribuées annuellement.

Les cotisations annuelles doivent être versées *intégralement* dans la caisse de l'Académie, au plus tard, dans les deux premiers mois qui suivent l'admission des membres, quelle que soit l'époque de cette admission. Elles sont renouvelées chaque année, dans le mois de janvier ou de février, par un mandat sur la poste qu'on délivre dans tous les bureaux du royaume, ou par un bon sur le trésor royal ou sur une maison de commerce de Paris.

Tous les envois d'argent se feront par la même voie ou par celle des messageries et diligences.

RÈGLEMENT

DE L'EXPOSITION DES PRODUITS DES MEMBRES DE L'ACADÉMIE DE L'INDUSTRIE A L'ORANGERIE DES TUILERIES EN 1842.

ART. 1er. — Les membres *seuls* de l'Académie de l'industrie sont appelés à pouvoir concourir à cette exposition, qui se tiendra dans le local de l'Orangerie des Tuileries.

ART. 2. — Tout membre démissionnaire, ou dont le paiement de la cotisation est arriéré de six mois, ne pourra être inscrit sur la liste des concurrents qu'après avoir été représenté à la commission supérieure, qui verra s'il y a lieu de le conserver sur la liste des membres de la Société.

ART. 3. — Les objets appartenant aux membres de l'Académie de l'industrie seront *seuls* admis à cette exposition.

ART. 4. — Avant de pouvoir être exposés, tous les objets seront soumis à l'examen préalable d'un jury d'exposition.

ART. 5. — Les objets nouveaux paraissant pour la première fois à l'exposition de cette Société et sur lesquels il n'aura pas été fait de rapport ne pourront qu'être exposés, mais non concourir, pour cette année, aux médailles et récompenses qui seront décernées, en séance générale, quelques jours après la fermeture de l'exposition.

ART. 6. —Le jury d'exposition, dont les fonctions sont purement honorifiques, est formé d'une commission spéciale composée de MM. le général baron Juchereau de Saint-Denys, président ; Malepeyre aîné, vice-président ; Odolant-Desnos, secrétaire ;

Cailleau, président du comité d'agriculture; Male-peyre jeune, président du comité du commerce, et Sainte-Fare-Bontemps, secrétaire du comité d'agriculture.

Cette commission est chargée d'examiner, choisir et placer les produits qui lui seront soumis, et, de plus, de maintenir l'ordre pendant tout le temps de l'exposition, et de prendre à cet effet toutes les mesures qui seront jugées convenables.

Les commissaires de service pourront, toutes les fois qu'ils le jugeront utile, s'adjoindre temporairement pour les seconder une ou plusieurs personnes prises parmi les membres du conseil d'administration ou parmi Messieurs les exposants.

ART. 7. — A dater du 20 mai, les membres de l'Académie qui voudront concourir à cette exposition devront se rendre, avant le 20 juin dans les bureaux de la Société, place Vendôme, n° 22, pour y remplir les formalités adoptées par le jury d'exposition, et faire connaître les objets qu'ils se proposent de présenter au jury.

ART. 8. — Tout membre ayant rempli les formalités prescrites, ce qui sera constaté sur un registre ouvert à cet effet, recevra directement ou par la poste un numéro d'inscription qui l'autorisera à soumettre ses produits au jury d'exposition.

ART. 9. — Cinq jours avant l'ouverture de l'exposition, tout porteur d'un numéro d'inscription devra apporter à l'Orangerie des Tuileries ses produits pour les soumettre au jury, qui les examinera et indiquera le nombre et ceux de ces produits qu'on pourra exposer, ainsi que la place qu'ils devront occuper.

ART. 10. — *Tout exposant devra accepter la place que MM. les commissaires de l'Académie auront assignée à son numéro d'inscription, et il devra se soumettre à toutes les mesures d'ordre et de police que ces commissaires jugeront nécessaires.*

Art. 11. — Chaque exposant sera tenu de venir occuper l'emplacement assigné à son numéro *trois* jours au moins avant l'ouverture de l'exposition, et, en cas de retard, MM. les commissaires sont autorisés à disposer de sa place.

Art. 12. — Tout objet une fois entré dans les salles de l'exposition ne pourra en sortir que sur la présentation d'une permission spéciale de sortie, signée au moins de l'un des commissaires de service, qui ne la délivrera, s'il ne connaît pas le demandeur, que sur l'exhibition de son bulletin d'inscription.

Art. 13. — Tout exposant pourra vendre ceux de ses produits exposés ; mais il ne lui sera permis de les livrer aux acquéreurs qu'à la fin de l'exposition, à moins d'obtenir une permission toute spéciale du jury, et toutefois à la condition expresse de les remplacer le lendemain, avant l'ouverture, par un échantillon analogue.

Art. 14. — A partir du jour de l'ouverture de l'exposition, aucun objet ne pourra être introduit dans la galerie sans une délibération spéciale du jury.

Art. 15. — MM. les exposants se chargeront, comme les années précédentes, des frais de transport, d'étalage et de tous les autres menus frais particuliers d'entrée, de conservation et de sortie, que l'exposition de leurs objets pourra occasionner.

Art. 16. — Dans leur propre intérêt, MM. les exposants devront placer et maintenir à leur étalage une personne de confiance, tant pour la sûreté de leurs objets que pour répondre aux observations du public.

Art. 17. — MM. les exposants des départements, ainsi que des pays étrangers, seront tenus d'avoir un correspondant à Paris, qui sera chargé de remplir toutes les obligations imposées aux exposants dans le présent règlement.

Art. 18. — L'exposition commencera le 27 juin

et finira le 19 juillet inclusivement ; elle aura lieu tous les jours depuis midi jusqu'à cinq heures.

MM. les exposants pourront *seuls* entrer à neuf heures du matin sur la présentation de leur bulletin d'inscription.

Le public ne sera admis dans les galeries de l'exposition, à midi, que sur la présentation d'un billet, ou d'une médaille de pair, de député, de sociétés savantes, ou de celles délivrées dans les expositions nationales.

Quant à MM. les pairs et les députés, ils seront seuls admis à visiter la galerie d'exposition depuis dix heures jusqu'à midi.

Art. 19. — MM. les surveillants du palais des Tuileries seront chargés de la police intérieure des galeries d'exposition.

Art. 20. — La séance générale dans laquelle seront décernées les médailles méritées dans le courant de 1841-1842 aura lieu dans les huit jours qui suivront la fin de l'exposition.

Le présent règlement, ayant été rédigé pour investir le jury d'exposition de tous les pouvoirs nécessaires, a été fait et approuvé par la commission supérieure dans sa séance extraordinaire du 17 mai et par le conseil d'administration le 26 mai 1842.

En l'absence de M. le duc de Montmorency, président de l'Académie,

Le général baron JUCHEREAU DE SAINT-DENYS, C. ✳,

Secrétaire général.

CATALOGUE

DES PRODUITS

DES MEMBRES

DE L'ACADÉMIE DE L'INDUSTRIE

PRÉSENTÉS

Pour être exposés en 1842.

1. — BACQUEVILLE, fabricant de corsets, à Paris, rue Neuve-des-Petits-Champs, n. 69, et rue de Choiseul, n. 12, dépositaire, à Paris, des corsets sans coutures de M. Werly.

Confectionne des corsets mécaniques, de toilette, sans hanches, sans épaulettes, pour dames enceintes ; il fabrique aussi des corsets de voyages avec mécaniques et élastiques, sans aucune laçure. Il traite les déviations de la taille ; il est l'inventeur d'un corset pour la dissolution des glandes dans le sein ; et établit en outrès des ceintures pour hernies, avec pression, ainsi que des ceintures abdominales et pour pessaires.

2. — DELARUELLE (veuve) et LE DANSEUR, fabricants de pastels, crayons et couleurs, à Paris, rue du Petit-Thouars, n. 21, dans la cité Boufflers, enclos du Temple.

Ayant obtenu une médaille d'argent à l'Athénée des arts pour des crayons de couleur à dessein, et de l'Académie de l'industrie pour le perfectionnement de ses pastels.

Ce fabricant fait toutes sortes de crayons à dessin, et particulièrement les crayons en noir d'Etna pour l'huile, la gouache et l'estompe, d'excellents crayons de couleur à retoucher, des tablettes de couleurs fines, des crayons lignes de divers numéros, et surtout des pastels fins pouvant parfaitement bien se tailler.

3. — JOURDAIN, marchand de comestibles, à Paris, rue Neuve-des-Petits-Champs, n. 5.

Fabrique tout spécialement les fruits confits ou glacés, les confitures et les conserves de fruits, ficelés et bouchés à la mécanique par un nouveau système, qui prive complétement les fruits conservés du moindre contact de l'air. Cette privation d'air étant le principe conservateur de tous les fruits pour compotes, M. Jourdain a cru devoir fixer tous ses soins pour obtenir dans toute sa rigueur cette condition importante, sans laquelle il n'est pas de conservation possible; et il est heureux de pouvoir se flatter d'être arrivé à cet excellent résultat.

Cette maison se charge de la fabrication de toute espèce de confitures et conserves de fruits pendant la saison.

4. — PICOT, TEINTURIER-DÉGRAISSEUR, à Paris, rue Saint-Martin, n. 291, près la porte Saint-Martin.

Se livre tout particulièrement au nettoyage, par un procédé de son invention, des soieries antiques ou nouvelles pour ameublement, ornements d'église, et pour la toilette, unies ou brochées, ou brodées or et argent, et il applique le même procédé au nettoyage des châles cachemires et à toutes les autres étoffes de laine.

5. — GODILLOT père et fils, brevetés, malletiers du Roi, à Paris, rue Saint-Denis, n. 278.

Chaque exposition voit de nouveaux produits de ces industriels. Ils exposent cette année des malles très commodes et portatives, avec compartiments, tiroirs, secret, etc., pesant un tiers de moins que celles faites jusqu'à ce jour;

Des petites malles pour chemins de fer et petits voyages, pouvant aisément être portées par le voyageur au besoin;

Des étuis à chapeaux de toutes formes dans lesquels on met avec le chapeau les objets de toilette et même quelques effets pour un voyage de peu de durée;

Des boîtes à robes et chapeaux avec tiroirs-caves, etc., d'une nouvelle invention, dans lesquelles les dames peuvent elles-mêmes emballer leurs chapeaux, y varier la position qu'elles veulent leur donner, et changer les compartiments, suivant le besoin. Ces boîtes très simples, et d'un prix très modéré, peuvent supporter de très longs voyages, et transporter leur contenu dans la plus grande fraîcheur.

Ces fabricants ont apporté une grande amélioration dans les tentes et articles de campements; ils exposent un nouveau modèle de tente avec soupape, ventilateur et rabat; ce modèle, quoique d'une grande dimension, forme un très petit volume étant plié, et ne pèse que 20 kilogrammes compris les bâtons, piquets, etc.;

Des cantines très légères formant lit, et contenant tous les objets de campement utiles aux voyageurs et aux officiers d'Afrique;

Des malles portatives pour voyages lointains formant lit, et contenant table, chaises, moustiquaire, casseroles, fourneaux, assiettes, etc., etc.

Ce modèle de malle contient en outre une grande tente qui en se déployant couvre tout ce petit ménage.

On ne peut que recommander aux voyageurs de visiter les vastes magasins et ateliers de MM. Godillot; ils seront surpris de la variété de leurs produits.

6. — DURAND fils aîné, mécanicien breveté, fabricant de pompes, à Paris, rue Saint-Nicolas-d'Antin, n. 29.

Ce mécanicien, qui a reçu plusieurs médailles en argent pour ses pompes et garde-robes, fabrique et expose :

Une pompe en fonte élévatoire Durand, fonctionnant avec un volant portant une manivelle mobile qui donne le moyen d'augmenter ou diminuer la course du piston à volonté. Cette pompe peut élever l'eau à 25 mètres au dessus du sol, et donne de 1500 à 4,500 litres d'eau à l'heure;

Une pompe-brouette, pour arrosage, remarquable par sa simplicité et sa solidité;

Un *nouveau modèle de couverture en zinc* à libre dilatation, pour comble ou terrasse, n'ayant qu'une très légère pente; 5 centimètres de pente par mètre suffisent pour employer avec avantage cette couverture, qui est la seule que l'on peut prendre avec une pente si minime. M. Durand la garantit dix ans;

Une garde-robe Durand arrêtant en tout temps le gaz des fosses sans le secours de l'eau.

Une garde-robe hydraulique inodore tournant des deux côtés; grand modèle pour lequel M. Durand a obtenu un brevet d'invention.

Les nombreuses commandes que reçoit tous les jours cet industriel sont une sûre garantie de la bonne confection des appareils montés dans ses ateliers.

Il a surtout la vogue pour les pompes devant descendre dans les puits d'une grande profondeur.

7. — LEMONNIER père et fils, artistes-dessinateurs en cheveux de S. M. la Reine des Fran-

çais, honorés de plusieurs médailles d'argent, rue du Coq-Saint-Honoré, n. 13.

 Pour modèles de leurs produits, ils exposent divers nouveaux dessins en cheveux : tombeaux et palmes, bouquets pour broches et médailles, boucles et chiffres d'un nouveau genre, où les cheveux sont travaillés sans être ni mouillés ni gommés; diverses tresses pour bracelets, tours de col, boucles d'oreilles, colliers, bracelets, bourses perfectionnées par des moyens mécaniques dont ils sont seuls possesseurs. Parmi ces ouvrages, on remarque un très grand tableau dessiné et exécuté en cheveux par M. Lemonnier fils, tableau qui a remporté une médaille d'honneur à la dernière exposition. De plus on peut remarquer aussi un vase de reines-marguerites sur pied, formant une corbeille en plein relief de grandeur naturelle, d'un travail tout à fait nouveau et d'une exécution très favorablement appréciée.

8. — PICAULT (Gust.), fabricant de coutellerie, à Paris, rue Dauphine, n. 52.

Pour produit de son industrie, il expose un grand couteau romain, d'une beauté et d'un travail remarquables : on voit sur un côté de la lame le convoi de Napoléon représenté depuis l'Arc de triomphe jusqu'aux Invalides; de l'autre côté se trouve l'apothéose de l'Empereur; et puis, au moyen d'un ressort, on fait à volonté sortir du manche qui lui sert de tombeau une statuette de Napoléon. M. Picault expose en outre différentes lames d'un nouveau genre inventé par lui, pour lequel il a obtenu un brevet : parmi ces lames on remarque des lames-scies, qui sont supérieures à tout ce qui s'est fait jusqu'à ce jour. Ce système s'adapte à presque toute la coutellerie, et particulièrement aux couteaux à découper, à ceux de cuisine, de table, de chasse et de poche, enfin aux serpettes de jardinier et de corroyeur.

M. Picault certifie que ce tranchant est d'une longue durée et coupe mieux que le damas; aussi fait-il toutes ses ventes avec garantie.

9. — BARBAROUX DE MÉGY, de Marseille, fabricant de corail taillé et gravé, ayant son dépôt à Paris, chez Laurent Bert, faubourg Poissonnière, n. 9.

M. Barbaroux de Mégy continue de donner la plus grande extension à la fabrication de ses coraux. Si, en France, le caprice de la mode abandonne momentanément ce genre de parure, qui peut se reproduire sous tant de formes, M. Barbaroux a su donner un autre débouché à ses produits, ce qui lui permet d'alimenter ses nombreux ouvriers, et de tenir tête à la concurrence italienne. Cette philanthropie mérite seule de fixer l'attention sur ses beaux et magnifiques produits.

10. — CHEVALIER (Victor), fabricant breveté, auteur d'un grand nombre d'*appareils de chauffage*, *d'hygiène* et *d'économie domestique*, ci-devant rue Montmartre, n. 140, présentement place de la Bastille, rue Saint-Antoine, n. 232.

Expose comme produits remarquables de sa fabrique :

Un calorifère portatif, chauffant au bois ou à la houille, à doubles parois, avec concentration et circulation d'air, pouvant être établi indistinctement avec tuyau horizontal ou à colonne supérieure, ou enfin à tuyau en contre-bas non apparent pour les magasins.

L'Institut de France (Académie des sciences), appelé à donner son avis sur ce calorifère, s'est exprimé ainsi qu'il suit dans la séance du 16 août 1841, par l'organe de M. DUMAS, rapporteur de la commission nommée sur la demande de M. le préfet de police:

« Le calorifère soumis au jugement de l'Académie est une mo-
» dification heureuse de l'appareil de chauffage si avantageuse-
» ment connu de M. Chevalier, et sur lequel la société d'encou-
» ragement pour l'industrie nationale a fait un rapport favorable.
» Plusieurs membres de l'Académie attesteront au besoin le mé-
» rite de cet appareil.

» Le nouveau calorifère est particulièrement destiné à brûler
» de la houille; cependant une disposition particulière permet
» également de brûler du bois La construction a paru à vos com-
» missaires des plus ingénieuses et, telle qu'on pouvait l'attendre
» de l'artiste habile qui l'a exécuté. Les résultats obtenus dans
» le cours des essais faits par la commission sont très favora-
» bles, etc. »

D'après le témoignage d'une autorité aussi imposante, nous n'oserions rien ajouter, et le mérite du calorifère de M. Chevalier ne peut plus être l'objet d'un doute.

Il expose encore sa *baignoire à réservoir supérieur*. Elle est considérée généralement comme la meilleure des baignoires faites jusqu'à ce jour, et remplissant les conditions de chauffer l'eau du bain en même temps qu'elle amène à ébullition l'eau d'un réservoir qui sert à le réchauffer, et de chauffer aussi le linge ;

Un appareil à double réservoir pour irrigation, douches et bains de pluie;

Une glacière de salle à manger pour abaisser la température et conserver à un état très frais toute espèce de boissons et d'objets de dessert ;

Un appareil pour bains et douches de vapeur avec addition

pour fumigations sulfureuses, dont les propriétés utiles et salutai-
res ont été reconnues par le conseil de santé de l'hospice Saint-
Louis ;

Un appareil pour les fermes disposé pour cuire à la vapeur les
racines et tubercules destinés à la nourriture des bestiaux.

On remarque encore à cette exposition d'autres objets d'hygiène
et d'économie domestique, d'une utilité et d'un mérite incontestables, aujourd'hui très répandus dans le public, et dus aussi au
génie fécond et créateur de M. Victor Chevalier, qui depuis long-
temps ne se borne pas au rôle d'inventeur et de fabricant, mais qui
naguère a abordé et développé avec talent quelques unes des questions les plus élevées et les plus épineuses de l'ordre social, entre autres celle des moyens d'augmenter le bien-être des classes
laborieuses, qu'il a traitée dans un mémoire qui a été distingué
par l'Athénée des arts, mémoire dans lequel on lit avec intérêt
cette déclaration remarquable :

« J'ai su, dit-il, par une sévérité toute paternelle bien faire
» comprendre aux ouvriers que j'occupe qu'il était de leur plus
» grand intérêt de ne jamais sacrifier le devoir au plaisir; aussi
» chacun d'eux est-il à même de suffire à ses besoins et de mettre une réserve à la caisse d'épargne. »

Au reste, M. Chevalier leur a lui-même présenté un exemple
bien encourageant de ce que peuvent l'amour du travail et une
bonne conduite, et du succès éclatant ainsi que de la considéra-
tion qui ne manquent jamais de récompenser ceux qui s'enga-
gent dans cette voie honorable.

Nous sommes donc heureux de profiter de cette occasion pour
annoncer que le nouvel établissement que M. Chevalier a formé,
place de la Bastille, n. 252, sur un plan large et parfaitement en-
tendu, et où il a établi une exposition de son génie actif et inventeur, est très digne d'être visité par toutes les personnes amies
des arts et par les étrangers. On y trouvera non seulement une
multitude de produits propres à intéresser, mais on verra des
ateliers parfaitement organisés, où l'on trouve un beau modèle
d'une habile division et combinaison du travail, de l'emploi sage
et judicieux des bonnes machines, et enfin de ses meilleurs perfectionnements dans tous les détails des travaux manuels, qui ont
assuré depuis long-temps un succès mérité et constant aux appareils qui sortent de ce grand établissement.

N'oublions pas enfin que cet industriel distingué a déjà reçu
des récompenses élevées des sociétés savantes et des marques
distinctives des gouvernements étrangers.

11. — NOCUS, fabricant de verre de Venise, à Paris, rue du Rendez-vous, n. 50, hors la bar-rière du Trône.

Fabrique les émaux de toutes couleurs, les oxydes pour émaux,
les imitations de pierres fines, le flint-glass et le crown pour

l'optique, le cristal doublé, les verres décorés à la manière vénitienne, et tout ce qui a rapport à la vitrification.

Il expose : un pot et sa cuvette, trois verres d'eau et leurs plateaux, six vases à fleurs grands et moyens, douze verres varriés, six coupes de différentes grandeurs, objets qui sont tous fabriqués à la manière de Venise ; enfin il expose six disques en flint-glass.

12. — CARREAU, fabricant de lampes, à Paris, rue Croix-des-Petits-Champs, n. 27.

Expose les lampes simplifiées de toutes les hauteurs, depuis 25 fr. jusqu'à 60 et au dessus, suivant la richesse de leur modèle. Cette lampe, lors de l'exposition des produits de l'industrie en 1839, a été regardée par le jury central comme le perfectionnement le plus remarquable apporté à la lampe mécanique, ce qui a confirmé ce que M. le baron Séguier avait avancé, en disant en 1837 que le degré de perfection et de simplicité apporté au mécanisme de ce genre de lampes par M. Carreau laissait à ses successeurs peu d'espoir d'améliorations nouvelles ; aussi son auteur a-t-il obtenu en 1839 la seule médaille d'argent qui ait été accordée à cette époque à ce genre d'industrie.

13. — LE FOYE (Louis), artiste en cheveux, rue Notre-Dame-de-Recouvrance, n. 20, boulevart Bonne-Nouvelle ; la maison forme l'encoignure du boulevart.

Admis aux expositions nationales de 1827, 1834 et 1839.

Membre de l'Académie de l'industrie.

Expose 1o plusieurs tableaux en cheveux de différents genres, de la plus belle exécution, parmi lesquels on remarque particulièrement les *Enfants du pêcheur*, tableau de grande dimension, dont les personnages sont remplis d'expression ;

2o Des tresses de toute espèce pour cordons de sûreté, tours de col et bracelets-serpents tachetés en fil d'or et entièrement en cheveux, ainsi que divers autres nouveaux genres les plus à la mode, boucles d'oreilles, sentiments, bagues, boutons, broches, bourses, etc.

La plupart de toutes ces tresses ont été inventées ou perfectionnées par cet artiste, et, quoique souvent les cheveux soient très courts, les tresses qui se font dans cet établissement n'en sont pas moins unies et solides. On y trouve un bel assortiment de garnitures en or.

Nota. Le public a chez cet artiste l'avantage de voir travailler ses cheveux sans augmentation de prix.

On va aussi travailler chez les personnes qui le désirent.

14. — JAMINET-CORNET, breveté, fabricant

de fontaines polyfiltres sans fer, à Paris, rue du Four-Saint-Germain, n. 26, et Sainte-Marguerite, n. 19.

Fabrique et expose des appareils polyfiltres portatifs, à 6, 8, 10 et 12 fr., et au dessus, pouvant filtrer depuis 10 litres par heure jusqu'à 50 et au dessus, se montant dans un tonneau ou dans un baquet et dans un seau. Expose une fontaine octogone en glace pour démontrer l'opération de filtrage de l'eau par divers procédés, et comparer les différences qui existent entre les anciens filtres et son procédé.

15. — OBRY (Hubert), modeleur, ciseleur, à Paris, place Dauphine, n. 16.

Se livre particulièrement au modelage des animaux. Expose différents bronzes représentant divers sujets de chasse et des modelures du même genre. Il croit devoir appeler l'attention des amateurs et des connaisseurs sur le naturel avec lequel le poil et les fourrures des animaux sont rendus.

16. — HANDUS, chapelier, breveté du Roi, fabricant de CHAPEAUX IMPERMÉABLES à la sueur, à Paris, rue Neuve-des-Petits-Champs, n. 47.

Jusqu'à présent la chapellerie n'avait pas encore pu empêcher les personnes qui transpirent de la tête de détériorer au bout de quelques semaines d'achat les chapeaux de soie, mais aujourd'hui les nouveaux chapeaux de soie confectionnés par M. Handus sont garantis contre les effets de la transpiration pour le double de temps des chapeaux préparés par l'ancien système. Il fabrique en outre des chapeaux hygiéniques pouvant préserver des maux de tête. Pourtant les chapeaux de sa maison ne sont pas vendus plus cher que dans tous les autres magasins. Ce chapelier confectionne aussi tous les autres articles de sa partie, et expédie dans les départements et à l'étranger.

17. — LE FOYE fils aîné, artiste en cheveux, à Paris, rue Thévenot, n. 30, au premier.

Se livre entièrement à l'exécution des tableaux en cheveux. L'on peut juger de son industrie par divers ouvrages par lui exposés, tels qu'un grand tableau représentant un cimetière, dans lequel un saule pleureur se trouve totalement en saillie, ce qui lui a nécessité de grandes recherches pour que le travail ne se détériore pas après plusieurs années. Les autres tableaux sont des sujets de fantaisie et tout à fait d'imagination. Il fait aussi des tresses de toutes les espèces pour colliers, sentiments, bracelets, bagues, etc.

18. — GRANGOIR, breveté, serrurier-mécanicien de S. M. la Reine des Français, à Paris, rue de Cléry, n. 80.

Honoré de plusieurs médailles. Il expose une serrure à combinaiscn nouvellement perfectionnée et rendue plus solide en même temps que d'une plus grande sûreté tout en ayant été simplifiée.

Il expose en outre des serrures à leviers mobiles beaucoup plus perfectionnées que toutes celles parues jusqu'à ce jour; et depuis quelque temps il confectionne de nouvelles serrures sur lesquelles on peut laisser la clef quelques instants, d'autres à pompe, dont la clef des domestiques ne peut fermer le gros pêne, et enfin il fait des serrures à la Brahma avec doubles pompes, ce qui les rend bien supérieures à celles de l'ancien système.

19. — ENAULT, cardeur, breveté, à Paris, rue d'Argenteuil, n. 40.

Se livre spécialement au cardage des matelas, dont il garantit la façon pour ne jamais se déformer; il les pique par un nouveau procédé. Il blanchit enfin et remet à neuf les vieilles couvertures. Il se charge des mêmes travaux pour la campagne.

20. — GOEBEL (Ch.), breveté, fabricant de nécessaires, à Paris, rue Michel-le-Comte, n. 30.

Fabrique des nécessaires, des toilettes pour dames et pour hommes, des caves à liqueur; des boîtes à ouvrage, à gants, à thé, à cigares, à pupitre, à cachemires; des corbeilles de mariage, des tables à ouvrage; nouveautés et objets de fantaisie dans le plus nouveau goût. Il expose surtout une nouvelle cave à liqueur, offrant au public un avantage désiré depuis long-temps Cette nouvelle cave à liqueur ne forme qu'un seul plateau réduit à un tiers de celle faite jusqu'à ce jour, et peut contenir le nombre de verres que l'on désire.

21. — DIER, TAILLEUR de S. A. S. le landgrave de Hesse-Hombourg, et REMETTANT A NEUF *les vieux habits*, à Paris, rue Saint-Honoré, n. 347, près la rue Castiglione.

Les procédés de M. Dier rendent aux draps fatigués leur apprêt et leur couleur primitive, font disparaître les taches accidentelles dont ils peuvent avoir été salis pendant l'usage, et rendent aux vêtements toute la fraîcheur de leur nouveauté.

22. — PETIT (Adrien), pharmacien, breveté, fabricant de CLYSOPOMPES et de POMPES DE JARDIN, à Paris, rue de la Cité, n. 19.

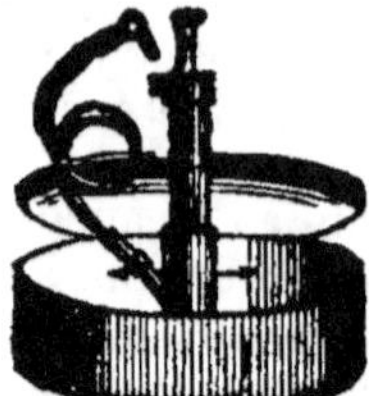

Fabrique des *clysopompes* perfectionnés, garantis et à jet continu; il fabrique aussi de petites *pompes d'arrosement* pour les jardins, les seules approuvées par la Société royale d'horticulture.

23. — DOREMUS et ENFER, fabricants brevetés, à Paris, rue de Malte, n. 32.

Exposent des soufflets circulaires de l'invention Enfer. Ces soufflets, adoptés aujourd'hui dans une foule d'ateliers, sont recherchés à cause de leur puissance et du peu de place qu'ils occupent.

24. — CORDERANT, fabricant de CRISTAUX garnis, à Paris, rue Sainte-Avoye, n. 12.

Expose des cristaux garnis pour remplacer le cuivre dans les porte-mains, boutons de portes, et autres articles de quincaillerie, afin de ne plus laisser aux mains une odeur désagréable.

25. — DESBORDES, fabricant beveté d'INSTRUMENTS DE MATHÉMATIQUES ET DE PHYSIQUE, à Paris, rue Saint-Pierre-Popincourt, n. 20, en face du boulevart, près la rue Ménilmontant.

Les ateliers de M. Desbordes, ayant été depuis quelque temps considérablement agrandis, sont actuellement établis de manière à lui permettre de livrer au commerce tous les instruments de physique, de mathématiques, d'astronomie, de géodésie, d'arpentage et de nivellement, au plus bas prix possible, tout en leur donnant le plus grand degré de précision; il confectionne également de petits modèles de machines à vapeur, de presses hydrauliques, et d'appareils divers propres à démontrer l'application des sciences aux arts; il fabrique enfin tous les objets qui rentrent dans le domaine du constructeur d'instruments de précision, dont un grand nombre a été et est encore chaque jour livré au Conservatoire des arts et métiers de Paris, à l'École des arts et métiers d'Angers et de Châlons, et dans une foule de cabinets de physique.

Il expose les instruments suivants, par lui inventés ou perfectionnés :

Un niveau-cercle à lunette et à vis calante, sur lequel M. Olivier a fait à la Société d'encouragement un rapport des plus favorables ;

Une *machine pneumatique* à double épuisement, système de M. Babinet, mais donnant un vide encore plus parfait, et quoique pouvant être vendue au même prix ;

Un *niveau indicateur* ou *niveau de sûreté* pour placer sur les chaudières à vapeur, marchant à haute ou basse pression, et construit de manière que le gardien peut arrêter immédiatement toute communication de l'eau ou vapeur de l'intérieur avec l'extérieur dans le cas où le tube viendrait à se fendre ;

Des *manomètres à air libre* et *à air comprimé*, d'une précision parfaite, et offrant dans leur application toute la sûreté possible ;

Des *compas à verge*, dont les poupées sont ouvertes à la partie supérieure, pour pouvoir y fixer des règles de toutes les longueurs ;

Des *compas à trois branches pour tracer les ellipses*, se manœuvrant avec la plus grande facilité ;

Des *compas à demi-cercle pour tracer également* les ellipses ;

De petits modèles avec cylindres en cristal pour faciliter la démonstration de *presse hydraulique*, de *machines à vapeur*, de *cafetières*, et d'une foule d'autres appareils ;

Des *boîtes de mathématiques* de toutes les grandeurs et de tous les prix, avec assortiment de *compas à la Desbordes ;*

Une *petite machine à comprimer l'air et les gaz*, établie d'après un nouveau système ;

Un *appareil à essayer les bouteilles*, avec mouvement rotatif et doubles soupapes, perfectionné de manière à accuser juste la pression que supportent les bouteilles jusqu'à l'instant où elles viennent à se briser.

26. — FLAMET jeune, fabricant breveté de BRETELLES, et fournisseur du Roi, à Paris, rue des Arcis, n. 25.

Depuis 1834 il a obtenu diverses médailles de bronze et d'argent pour ses bretelles sans coutures, ainsi que pour ses boutonnières métalliques, et en 1841 encore il a inventé de nouvelles boucles de bretelles beaucoup plus commodes que toutes les anciennes. La solidité et l'excellente qualité de ses produits sont pour les consommateurs les meilleures recommandations, il se borne donc à se rappeler à leur souvenir.

27. — HEULTE, fabricant breveté de cuirs et feutres vernis, à Paris, rue Pastourel, n. 5.

Parmi les nombreux produits de sa fabrique, M. Th. Heulte

expose cette année des casques pour sapeurs-pompiers, en cuir de laine d'une seule pièce, avec garnitures complètes ; il les offre à MM. les maire à 9 fr. pièce. Ces casques, dont le prix est bien au dessous de ceux en cuivre, doivent leur mérite à la solidité, à leur légèreté, et au peu d'entretien qu'ils exigent. Il expose en outre des chapeaux noirs vernis, offrant dans leurs formes des toques de chasse moirés en or et argent par un nouveau procédé de son invention.

28. — LECUYER, fabricant des lampes oléo-statiques brevetées de A. Thilorier, à Paris, Palais-Royal, galerie de la Rotonde, n. 93, près le passage du Perron.

Ces lampes, qui ont obtenu une mention honorable à l'exposition de 1839, et depuis une médaille de bronze à l'Académie de l'industrie, ont reçu de M. Lecuyer un nouveau perfectionnement qui leur assure dans leur fonction une régularité à toute épreuve ; elles se nettoient d'elles-mêmes par le service journalier, ne contiennent que de l'huile, et n'ont aucun mécanisme intérieur, avantage qui permet de les transporter au loin sans crainte de dérangement. Ce système est garanti inaltérable ; elles rivalisent pour l'éclat de la lumière avec les meilleurs systèmes de lampes, et sont d'un prix moins élevé. Il fabrique des lampes pour salon, salle à manger, billard, et généralement tout ce qui a rapport à l'éclairage. Fait la commission.

29. — MOHR, fabricant de garde-robes mécaniques, à Paris, rue Saint-Antoine, passage du Petit-Saint-Antoine, n. 69.

Expose des garde-robes portatives et fixes construites d'après un nouveau procédé, et offrant, tant pour la solidité que contre l'odeur, des garanties que l'on rencontre dans fort peu d'appareils du même genre. Aussi, grâce à la vérité de ces assertions, il voit chaque jour augmenter sa clientèle, et il ne cesse d'en recevoir les éloges les plus flatteurs.

30. — BÉCHARD, mécanicien-orthopédiste-bandagiste, à Paris, rue de Tournon, n. 15.

Expose divers appareils propres au traitement des déviations de la taille et des membres, science nouvelle dont on obtient chaque jour de si nombreux et si importants résultats. Il fabrique aussi pour les malheureux estropiés, victimes des hasards cruels de la guerre ou de tous autres accidents, des mains et des jambes artificielles, dont les prix sont plus ou moins modérés en raison du degré de perfection qu'on exige dans leur mécanisme.

31. — LEFEBVRE, fabricant de PATE A RASOIRS, à Paris, quai de l'Ecole, n. 20, en face les bains du Louvre.

M. Lefebvre fabrique une pâte à rasoirs que l'on connaît sous le nom de pâte AUGUSTINE; elle fait parfaitement couper les rasoirs, et a reçu une mention honorable à l'exposition nationale de 1839.

32. — LARMOYER, fabricant de couleurs et de CIRAGE, à Paris, rue des Vieux-Augustins, n. 57.

Fabrique toutes les espèces de couleur, ainsi qu'un cirage à la brosse sans acide sulfurique, et par conséquent ne pouvant pas brûler les chaussures; il tient aussi un très beau vernis applicable au pinceau, également pour chaussures.

33. — ROUSSEVILLE, fabricant de couverts, seul breveté pour l'alliage appelé *Wolfram*, à Paris, rue Saint-Martin, n. 155, au coin de la rue Neuve-Bourg-l'Abbé.

Honoré d'une médaille d'honneur pour la bonne qualité de ses produits, M. Rousseville fabrique avec le wolfram, alliage sonore, blanc et solide, des *couverts* d'une parfaite qualité, des *tabatières* nouvelles dites *moscovites*, d'une grande élégance et conservant le tabac toujours frais, des *théières*, des *bols*, des *timbales*, des *soucoupes*, des *plats* et des *casseroles*, objets qui tous sont poinçonnés par les mots WOLFRAM R.-S. BREVETÉ. Il fabrique en alliage fin des clysopompes à jet continu à des prix modérés, et ne le cédant à aucun autre pour leur qualité supérieure.
Enfin il fabrique toujours tous les articles de la poterie d'étain.

34.—VAULOT, fabricant breveté de comptoirs de marchand de vin et de brocs, à Paris, rue Saint-Martin, n. 222.

La propreté pour les marchands de vin est une condition qu'ils obtiennent par l'usage des comptoirs en étain. C'est à la fabrication de ces comptoirs que s'applique tout particulièrement M. Vaulot : il est connu pour la pureté de son métal, qui offre toute sûreté; aussi, pour mieux répondre à la juste confiance qu'on lui accorde, il confectionne de ces comptoirs en raison des prix que l'on veut y mettre : il les orne de bordures nouvelles, et fabrique en même temps les brocs et tous les appareils de distillation et de chimie, et tout ce qui est en étain.

55. — LEBRUN, RELIEUR, à Paris, rue de Grenelle-Saint-Germain, n. 126.

Ce relieur, qui réunit le bon goût à la solidité, expose divers volumes : les uns avec encadrement composé de filets placés à la main avec la plus grande régularité ; les autres reliés en velours doré, remarquables par la perfection de leur dorure à compartiments et à petits fers ; plus un ouvrage espagnol de Goya, dont les plats du volume sont illustrés de portraits faits à la main, et seulement avec des petits fers, ce qui ne s'était jamais vu jusqu'à ce jour.

56. — NEPVEU, architecte breveté, inventeur du *moufle à engrenage*, dont le dépôt est à Paris, chez MM. GRONDARD *frères*, rue Jean-Robert, n. 17.

Ce moufle occupe un très petit volume, et peut être facilement transporté par un seul homme partout où le service l'exige.

Il s'applique aux chèvres sapines, et se soumet à toutes les positions exigées par le travail, soit pour tirer ou soulever toute espèce de fardeau, et peut être employé dans des places où les autres outils ne peuvent fonctionner, à cause de leur trop grand volume.

Cet outil est aujourd'hui porté à son plus grand perfectionnement, de telle sorte que MM. Grondard en fabriquent pour toutes les vitesses, comme pour tous les poids

Sa vitesse varie depuis 1 mètre jusqu'à 4 mètres d'élévation à la minute, et sa force de 2000 à 6000 kilogrammes.

Avec cet outil l'on peut monter les chèvres d'un plancher sur un autre sans les démonter : cette opération est très simple, et se fait dans l'espace de dix minutes.

Cet outil, d'un emploi très doux et très facile, apporte une grande économie dans le travail, n'occasionnant aucune perte de temps ; son prix est moins élevé que toutes les mécaniques en usage dans le bâtiment.

57. — CHOUILLOUX, calligraphe et professeur d'écriture, à Paris, rue Montmartre, n. 169, près les boulevarts.

Montre à écrire en moins de 20 leçons.
Une *écriture anglaise* rapide et régulière est assurée par M. CHOUILLOUX, artiste calligraphe, membre de l'Académie de l'industrie française, honoré de récompenses de M. le ministre de

l'instruction publique, de plusieurs colonels de divers régiments, et auteur d'une nouvelle méthode réformatrice, à l'aide de laquelle les mains les plus rebelles changent ou perfectionnent leur écriture en un genre anglais élégant. L'avantage que présente ce nouveau système sur tous les autres, c'est qu'on peut écrire vite et bien; l'écriture obtenue par ces procédés ne s'oublie pas. L'exposé public des résultats des élèves est offert tous les jours aux personnes qui désirent se convaincre des succès annoncés, ainsi qu'une collection de tableaux reçues à l'exposition générale des produits de l'industrie en 1839, et un spécimen est exposé à l'Orangerie des Tuileries, présentant par les différents caractères qui les composent et par les traits qui les accompagnent un exemple complet des résultats de la méthode Chouilloux. Prix 3 fr. Cours matin et soir.

38. — DUREUILLE. Statues en ciment inaltérable à l'air, à Paris, rue Neuve-Saint-Augustin, n. 7.

Lors de l'une des dernières expositions nationales, on vit apparaître à Paris, et venant de Bordeaux, des statues moulées au moyen d'un ciment inaltérable à l'air; depuis cette époque ces produits n'ont plus reparu à Paris. Il faut donc se féliciter de voir M. Dureuille faire ses efforts pour les y réintroduire, car la finesse d'un ciment analogue qui permet de l'appliquer avec un égal succès à reproduire les admirables statues de Canova aussi bien que de simples statuettes, et la nature de sa composition, qui le met à même de pouvoir supporter sans s'altérer les intempéries des saisons, rendent ce ciment des plus précieux pour l'ornementation des parcs et des jardins; aussi l'on peut hardiment avancer que les produits de M. Dureuille ne tarderont pas à brillamment figurer dans les jardins des plus modestes comme des plus riches habitations.

Ces produits sortent des fabriques de MM. Berthommé et Pellet, brevetés d'invention, allée des Veuves, 29, à Paris. Ils ont l'avantage de résister à toutes les intempéries des saisons sans éprouver aucune dégradation. Ils ont la couleur et la solidité de la *pierre*; ils sont applicables aux belles constructions, aux statues, vases, fontaines, piédestaux, ornements d'architecture, dalles mosaïques, etc., etc.

Exposition permanente et publique dans le jardin de l'établissement, allée des Veuves, 29 (Champs-Élysées).

39. — CHASTELLUX (le comte DE), vice-président de l'Académie de l'industrie, rue de Varennes, hôtel Chastellux.

Expose deux urnes en cristal contenant plusieurs échantillons d'indigo extrait de la renouée tinctoriale, *Polygonum tinctorium*, provenant de récoltes faites dans sa terre de Chastellux, département de l'Yonne.

40. — JAUME SAINT-HILAIRE, botaniste, propriétaire, à Paris, rue Furstemberg, n. 3.

Expose un cadre contenant la figure en couleur de l'indigo indigène, *Polygonum tinctorium ;*

Un deuxième cadre avec des soies de différentes nuances et de l'étoffe de laine teintes avec l'indigo indigène cultivé aux environs de Paris ;

Un troisième cadre contenant de la toile, mousseline et batiste, passées au bleu des boules de l'indigo indigène;

Plusieurs urnes pleines de boules de bleu céleste extrait de l'indigo indigène, qui donne aux mousselines, batistes, et à tout le linge, un blanc de neige éblouissant;

Un quatrième cadre, avec des figures de fleurs et de fruits de la *Flore et Pomone*, ouvrage en six volumes, et qui contient l'histoire, la culture et la figure en couleur de 950 espèces ou variétés de fleurs et de fruits de France, ou acclimatés sur le sol français.

41. — BLONDEL, fabricant breveté de pianos, à Paris, rue de l'Echiquier, n. 41, faubourg Poissonnière.

Il fabrique des pianos avec échappement anglais d'un nouveau mécanisme qui offrent l'avantage important, surtout pour la province, où l'on trouve rarement des facteurs, de pouvoir permettre, lorsqu'il n'y a qu'un léger dérangement à l'instrument, de retirer une seule touche sans être obligé de retirer tout le clavier, ce qui évite de risquer à briser les marteaux. Leur bonne qualité, a dit M. Lahausse dans un rapport très bien fait, est fort remarquable.

42. — BROWN, fabricant breveté de mélophones, à Paris, rue des Fossés-du-Temple, n. 20, près le boulevart.

Ce nouvel instrument, dont l'Académie de l'industrie a été la première société à ne pas craindre de reconnaître le mérite et les avantages dans un rapport que M. Lahausse n'a rédigé qu'après être arrivé lui-même à pouvoir pratiquement en apprécier toutes les ressources, a été ensuite approuvé par les membres de l'Institut.

Cet instrument, dont le doigté ressemble beaucoup à celui du violon, sauf que les doigts frappent sur des espèces de petites touches ou clavettes, est de la forme d'une guitare, et, comme elle, se tient sur les genoux; tandis que la main gauche exécute le doigté voulu par les notes, la main droite met en mouvement une espèce d'archet qui fait sortir à volonté des sons doux ou vigoureux, coulés ou détachés, pareils à ceux que produiraient soit un seul instrument, soit deux instruments comme bassons, clarinettes ou flûtes jouant à l'unisson ou à l'octave. Les ressources de ce petit instrument, dont l'étendue est celle d'un buffet d'orgue, sont immenses, et offrent celles de tout un orchestre; aussi les artistes l'ont-ils promptement apprécié, et déjà plusieurs professeurs se sont mis à en donner des leçons. Les mélophones, dont les prix étaient d'abord fort élevés, ne se vendent plus aujourd'hui chez M. Brown que 300, 250 et 225 fr., en raison de leur grandeur et de leur luxe.

43.—E. PHILIPPE et GLATOU, mécaniciens, fabricants de parquets, à Paris, rue Château-Landon, n. 19.

Exposent du parquet en feuilles de 50 centimètres de côté, et 30 millimètres d'épaisseur.

Ce parquet, étant formé de beaucoup de morceaux de petites dimensions, est plus solide et moins sujet à se disjoindre.

Il se livre au commerce au même prix que le point de Hongrie.

Le premier choix se vend 2 fr. la feuille.

Le deuxième choix se vend 1 fr. 75 cent. la feuille.

En mettant dans ce parquet des panneaux en bois des îles, on obtient un parquet riche, qui n'augmente guère que de 50 centimes la feuille.

44. — COUTURIER (H.), inventeur breveté de siéges inodores, qu'il nomme *hydroglyphes*, rue de Paradis-Poissonnière, n. 39, à Paris, et rue de Bourbon, n. 58, à Lyon.

Fabrique des hydroglyphes, seuls siéges véritablement inodores. Ces appareils présentent plusieurs avantages importants que n'ont pas les siéges dits inodores qui ont paru jusqu'à ce jour.

1° Par un procédé très simple, ils sont hermétiquement clos.

2° Ils n'emploient qu'un verre d'eau par semaine.

EXPLICATIONS.

Les hydroglyphes destinés aux siéges d'aisances, aussi bien que ceux qui doivent être placés dans des fauteuils, chaises, tabourets et tables de nuit, sont entourés à leur partie supérieure d'une rainure qu'on remplit tous les huit jours avec un verre d'eau. Le couvercle en métal à bords amincis plonge dans la rainure, et intercepte complétement toute émanation. Dans les vases mobiles, ce couvercle est muni d'un bouton-soupape qui donne passage à l'air refoulé par l'apposition du couvercle, et l'empêche de faire sauter des globules d'eau.

1. Meubles destinés à des siéges d'aisances, munis d'un hydro-

glyphe à boule. Au moment où on veut s'asseoir sur le meuble, on met forcément les pieds sur une pédale, et une boule, en faisant une demi-révolution, vous présente sa partie concave. Aussitôt que la pression des pieds cesse, la boule se renverse.

2. Meubles pour siége d'aisances, munis d'un hydroglyphe à double bascule. La lunette en bois qu'on abat sur la rainure, pour que les vêtements ne soient pas mouillés, est armée d'un repoussoir qui pèse sur une tige à laquelle sont attachées les deux bascules agissant en sens inverse : l'une s'ouvre quand l'autre se ferme.

3. Fauteuils-prie-dieu avec hydroglyphe.
4. Tables de nuit-chaise percée   id.
5. Tabourets de piano   id.
6. Petits fauteuils à la Voltaire   id.
7. Chaise d'hospice   id.
8. Hydroglyphes de ménage destinés à la conservation des fruits et des légumes. On remplace l'eau de la rainure par de la graisse blanche.
9. Hydroglyphes à jour pour siéges d'aisances.
10.   —   de table de nuit.
11.   —   d'enfant.
12.   —   double bascule.
13.   —   bascule.
14.   —   boule.
15.   —   de tabouret.
16.   —   de fauteuil.
16.   —   pour les eaux ménagères.

45. — MOUNIER, garnisseur de nécessaires, à Paris, rue d'Anjou, n. 9, au Marais.

Se livre particulièrement à la confection des garnitures de nécessaires, et fabrique les objets de fantaisie pour étrennes et pour confiseurs ; il garnit à façon en velours et en soie pour MM. les tabletiers, bijoutiers en doré et fabricants de bronze ; enfin il fait en général tous les objets de fantaisie.

46. — NEUBER, ingénieur-mécanicien, à Paris, rue Sainte-Avoye, n. 14.

L'on doit à ce mécanicien, qui a obtenu une mention honorable à l'exposition nationale de 1839, d'avoir inventé, tout en ayant pu réduire leurs prix, des machines à graver les teintes, les ciels et les eaux, ainsi que toutes les lignes droites parallèles, ou croisées sur pierres ou métaux, beaucoup plus parfaites que les anciennes, et surtout bien plus exactes que celles que nos artistes font venir à grands frais de l'étranger. Il expose un tableau contenant des exemples des résultats que l'on peut obtenir avec la machine à graver de son invention.

47. — CARPENTIER , fabricant de *lettres en relief*, à Paris, rue de Cléry, n. 83.

Depuis cinq années M. Carpentier fabrique des lettres métalliques en relief, peintes ou dorées, dans les plus beaux modèles et de la plus grande solidité. Il est essentiel de ne pas les confondre avec celles qui se font en *plâtre* ou en terre cuite, et que le moindre dérangement des tableaux vient à briser.

48. — ÉTARD , layetier-emballeur, fabricant breveté pour les BOÎTES ETARD PERFECTIONNÉES, à Paris, rue du Petit-Reposoir, n. 6, près la place des Victoires, et rue Pagevin, n. 4.

Les BOITES ETARD PERFECTIONNÉES qui sont exposées cette année à l'Orangerie, tout en n'étant pas d'un prix plus élevé que celui des anciennes, ont l'avantage de répondre à toutes les exigences d'un bon emballage ; elles remplacent, pour les dames qui vont en voyages, l'emballeur, qu'elles ne trouvent pas toujours fort habile en province, et permettent à la main la moins exercée de faire sur-le-champ un emballage parfait. Depuis quelque temps il s'est mis aussi à fabriquer un nouveau genre de souricières dont on est généralement très satisfait.

49.—MOTTET et BLANC, fabricants brevetés de CANNES A PARAPLUIE, *sans manche*, à Paris, rue de Tracy, n. 1er, à l'angle de la rue du Ponceau, et DÉPÔT dans la galerie Montpensier, n. 23, au Palais-Royal.

Ces parapluies, *les seuls se fermant sur la canne*, n'ont aucun rapport avec les anciens parapluies à étui ou avec les polybranches ; ils sont contenus dans une canne creuse de la grosseur ordinaire et en bois des îles, plaquée en argent à l'intérieur, afin de servir d'étui en même temps que de canne quand le parapluie est fermé, et de manche quand il est ouvert, de sorte qu'on n'a jamais à porter qu'un seul objet. Ce parapluie, qui, tout en étant mobile, résiste aux plus grands vents, peut être ouvert et fermé en moins d'une minute, et il a le double avantage d'être à la fois solide et commode, tant il est d'une extrême simplicité.

50. — PERNET, fabricant des bandages franc-comtois , à Paris, rue des Filles-Saint-Thomas , n. 19.

M. Pernet a évité les imperfections et les inconvénients des anciens bandages en remplaçant leur ceinture en fer par une ceinture en cuir, en plaçant dans la pelote un mécanisme de compression dont il peut graduer la force suivant le degré de pression des parties herniées, mécanisme ingénieux qui maintient parfaitement toute espèce de hernie, guérit celles qui commencent, et permet aux malades de se livrer, sans crainte d'être blessés, aux travaux les plus fatigants. Ses bandages sont aujourd'hui adoptés par les principaux médecins de la France.

51. — FICHET (Alexandre), serrurier-mécanicien, breveté d'invention et de *LL. AA. RR. le duc et la duchesse d'Orléans*, à Paris, rue Richelieu, n. 77, et à Lyon , rue du Concert, en face le pont Lafayette.

Il est infatigable pour opposer chaque jour aux malfaiteurs de nouveaux moyens propres à dérouter leur trop malheureuse habileté; chaque jour aussi ses travaux, tous dirigés dans un but d'être utile à la société, obtiennent de véritables succès; et, pour mettre en garde contre les vols ou les infidélités, il offre de signaler les moyens vicieux que les fermetures peuvent avoir, ainsi que toutes les issues par où les malfaiteurs peuvent pénétrer de l'extérieur à l'intérieur. Il entreprend aussi la solution de tout problème relatif à son état; il fabrique des caisses et coffres-forts fermés avec des serrures et combinaisons de son invention. Il reste responsable de la marche de ses ouvrages pendant dix ans, et en prend l'engagement par sa facture.

52. — LABROSSE (Fraternité) , fabricant de blanc de céruse, à Courbevoie (Seine); seul dépôt, à Paris, chez M. A AMELINE, rue Sainte-Croix-de-la-Bretonnerie, n. 23.

Ancien élève de l'Ecole polytechnique, M. Labrosse est propriétaire, depuis 1831, de la fabrique de blanc de céruse de Courbevoie qu'il exploite en société avec M. Boone-Desmasures depuis le 1er juin 1842, sous la raison sociale *Labrosse et Boone-Desmasures*. Il expose des produits de cette fabrique. Ces produits, dont la beauté et la qualité ne laissent rien à désirer, sont obtenus par le procédé dit hollandais modifié. Leur seul dépôt à Paris est chez M. A. Ameline.

53. — SAJOU, dessinateur, graveur et éditeur de DESSINS DE TAPISSERIE, dits de Berlin , à Paris, rue Michel-le-Comte, n. 21.

Les *dessins* qu'il expose prouvent qu'il peut tout représenter par le gros point de tapisserie, et qu'il a vaincu toutes les difficultés qui pendant long-temps ont rendu la France tributaire de l'Allemagne.

Son *Guide de la brodeuse*, qu'il distribue à l'exposition, et qu'il se fera un devoir d'offrir à toutes les dames qui voudront bien honorer ses magasins de leur visite, est un ouvrage au moyen duquel on peut apprécier d'avance l'effet que présenteront les dessins sur des canevas de points de différentes grandeurs. Ce travail, résultat de beaucoup de patience et d'observation, était vivement désiré par toutes les personnes qui s'occupent de tapisserie.

54. — CLÉMENT, sellier-bourrelier, breveté, à Paris, rue du Faubourg-Saint-Antoine, n. 150.

Nouvelle invention de colliers à ressorts, propre à faciliter la guérison des chevaux de travail blessés sur le garot, tout en les faisant travailler.

Fabrique les courroies égalisées par des procédés mécaniques.

55. — FÈVRE (D.), fabricant de POUDRES GAZEUSES, à Paris, rue Saint-Honoré, n. 398, au premier.

Fabrique et expose de la *poudre de Seltz*, de la poudre pour *limonade gazeuse*, pour *vin de Champagne à un sou la bouteille*. La poudre de Seltz ne sert pas seulement à faire à l'instant même une boisson agréable et hygiénique ; les nombreuses expériences de *Falconer*, de Mascagny, de l'évêque de Landoff, ont constaté depuis long temps que la poudre de Seltz rend surtout un grand service à la santé publique dans tous les pays où l'eau malsaine engendre chaque année des fièvres et autres maladies. Il fabrique aussi des sucres acidulés rafraîchissants fort économiques et fondant très facilement.

56. — MOUSSIER-FIEVRE, *seul* fabricant et inventeur breveté du MINOFOR ou métal blanc, à Paris, rue des Fossés-Montmartre, n. 27, près la place des Victoires.

Fabrique et expose diverses pièces composées avec son alliage, connu sous le nom de MINOFOR ou métal blanc, imitant parfaitement l'argent, et pouvant se dorer ou s'argenter. Son brillant est aussi éclatant que celui de l'argent ; son prix de 4 fr. le kilo est très modéré, et met cet alliage à la portée de toutes les fortunes. Il est à remarquer que tous les articles sortant de cette fabrique sont estampillés au nom de *Minofor* et avec les lettres M. F. A.

57. — GÉRARD (Hubert-Joseph), fabricant d'outils montés, à Paris, rue Saint-Antoine, n. 195.

M. Gérard se livre tout spécialement à la fabrication et à la construction des montures de toutes les espèces d'outils; aussi MM. les ébinistes, ainsi que les facteurs de pianos et les quincailliers, trouvent toujours chez lui un assortissement de montures et d'outils de menuisiers et d'ébénistes.

58. — GIRARD, fabricant de stores, à Paris, rue Saint-Martin, n. 254.

L'ornementation brillante commandée aujourd'hui par le luxe de nos habitations nous a fait remplacer nos simples rideaux par ces stores transparents, qui, au milieu des plus jolis paysages, laissent arriver fortement adoucis jusqu'à nous les rayons du soleil.

M. Girard est un de nos fabricants de Paris qui soient arrivés à confectionner ces stores avec la plus heureuse habileté, car ils réunissent le bon goût à une juste transparence et à une grande solidité.

59. — CHATELAIN, coutelier, fabricant breveté de rasoirs, à Paris, passage des Panoramas, galerie de la Bourse, n. 3.

Les personnes les plus difficiles à raser accordent depuis quelque temps une préférence marquée aux *rasoirs Chatelain*, ce qui tient à leur forme commode, et surtout à leur trempe régulière, qui leur donne une qualité sinon supérieure au moins égale à celle des meilleures rasoirs d'Angleterre.

M. Chatelain vend ses rasoirs de nouvelle invention 6, 8 et 10 fr. avec garantie, et expédie en province et à l'étranger.

60. — HUREZ, fabricant breveté de cheminées, de calorifères et de poêles, à Paris, rue du Faubourg-Montmartre, n. 42.

Déjà, aux expositions des années précédentes, M. Hurez se faisait remarquer comme un des caminologistes les plus habiles de Paris; aussi a-t-il reçu généralement, et de l'Académie de l'industrie en particulier, plusieurs médailles d'argent pour l'élégance et le fini de ses appareils.

Mais toujours infatigable dans ses recherches d'amélioration, il vient encore cette année de perfectionner son nouvel appareil pour brûler l'anthracite; ce travail n'est point un de ceux qui lui ont donné le moins de peine; aussi est-il arrivé, après de grandes recherches, à obtenir le résultat le plus heureux, et à dépasser les productions qui ont paru jusqu'à ce jour en Angleterre et aux États-Unis.

M. Hurez s'est en outre appliqué depuis long-temps à réunir dans ses ateliers les appareils qui offrent le meilleur mode de chauffage, l'économie d'achat et de consommation, ainsi que l'élégance de leurs formes; on peut donc être assuré de trouver chez lui un grand choix de *cheminées* soit à *bois* et à *la française*, soit à *charbon de terre* de formes *anglaises* ou *flamandes*.

Ses appareils à double régulateur pour activer d'abord la combustion sans fumée, et en recevoir ensuite tout le calorique, ainsi que ses calorifères, ont obtenu l'assentiment de tous les connaisseurs.

Enfin, ses *fourneaux de cuisine*, établis à l'instar de ceux du nord, offrent par leur bon marché et leur économie les plus grands avantages.

M. Hurez n'a rien négligé pour faire ressortir de plus en plus la bonté de ses calorifères, de ses cheminées forme anglaise, pour charbon de terre et charbon de bois; la confection de ses cheminées flamandes, de ses appareils à double régulateur, ainsi que de ses fourneaux cuisinières de différents genres et d'un résultat parfait et éprouvé, fforent des objets qui joignent à l'économie et à la commodité du chauffage les formes et la grâce les plus désirables, avec les ornements les plus variés en fonte ou en cuivre, et dont le travail mérite de fixer l'attention.

61. — HOEFER, ÉBÉNISTE, *breveté de M. le duc Alexandre de Wurtemberg*, à Paris, rue Saint-Antoine, impasse Guémené, n. 8.

Ce fabricant, qui a obtenu une médaille à l'exposition de 1859, et dont les produits mis à l'exposition de l'Académie de l'industrie en 1840 lui ont mérité une grande médaille d'argent, s'est de nouveau signalé cette année, tant par son bon goût que par les améliorations qu'il a apportées dans la confection de ses meubles, dont on ne peut trop admirer l'élégance, et qui sont pourtant, comparativement avec beaucoup d'autres, d'un prix extrêmement modéré.

Il expose plusieurs meubles en palissandre, et autres divers meubles, dont les plus remarquables sont :

Un grand bureau fort riche en ébène, à secrets, et orné de bronzes.

Un meuble servant de secrétaire, de commode et de toilette.

Des étagères en bois de rose.

Un meuble orné de bois de rose, servant de bureau de dame, de toilette, de table à ouvrage et de table à jouer.

Une corbeille de mariage en ébène, pouvant servir de table à ouvrage.

Une table à ouvrage, avec une magnifique incrustation en bois de rose.

Tous ces meubles sont ornés de bronzes très riches.

Les bronzes sont couverts d'un nouveau vernis aussi beau que la dorure au mercure, et que le fabricant garantit pour une plus longue durée.

Chacun des articles exposés, ainsi que tous ceux qu'il vend, ont été fabriqués dans ses ateliers, et toutes les personnes qui voudraient lui accorder leur confiance peuvent s'en assurer en allant visiter ses magasins, à l'adresse ci-dessus indiquée.

62. — D'OCAGNE, fabricant de dentelles à Alençon, et dépôt du point d'Alençon, à Paris, rue Neuve-des-Petits-Champs, n. 35.

Expose divers échantillons des dentelles les plus à la mode aujourd'hui, et connues sous le nom de *Point d'Alençon*, toutes confectionnées *à la main* sur ses dessins et par ses soins à Alençon.

63. — HURET (Auguste), cols et lingerie, à Paris, passage du Caire, n. 36, petite galerie Sainte-Foy.

M. Huret expose des cols et cravates fabriqués d'une manière très solide, et toujours avec les meilleures étoffes; il confectionne aussi la lingerie, ainsi que les nouveautés en tous genres.

64. — TINET, fabricant de PORCELAINES, à Montreuil-sous-Bois, et pour la vente en gros et en détail, à Paris, rue du Bac, n. 29.

Le succès toujours croissant qu'obtiennent chaque jour les produits de cette maison lui ayant permis une grande extension dans ses moyens de fabrication, elle est en mesure de livrer dès à présent, et dans le plus bref délai, toutes les demandes qui lui seraient adressées conformément à ses modèles, ou d'après tout autre qu'on lui remettrait.

Ses imitations chinoises et japonaises, dont elle expose plusieurs échantillons, et dont la modicité du prix a rendu toute concurrence impossible, ne laissent plus rien à désirer pour la richesse et la solidité de leurs décors sous couvertes, et surtout pour leur parfaite ressemblance avec les véritables porcelaines de Chine, ainsi que l'a constaté un rapport de l'Académie de l'industrie, après un examen fait par une commission nommée par cette société.

Toutes les ventes et expéditions pour la France et l'étranger se font à Paris seulement.

65. — BOURG, fabricant breveté de GARDE-ROBES, à Paris, boulevart Beaumarchais, n. 19.

Fabrique des garde-robes pouvant presque toujours être rendues invisibles, ne laissant passer aucune odeur, et pouvant facilement être maintenues dans un état constant de propreté.

Ses siéges tels qu'ils sont perfectionnés, et qui lui ont mérité plusieurs médailles ; il fabrique aussi un siége d'un système nouveau, qui offre à MM. les propriétaires un avantage considérable, dans ce sens qu'il sépare les matières liquides de celles solides. D'après un compte-rendu, il en résulte que les fosses, qui sont habituellement vidées tous les deux ans, ne le seront que tous les six.

66. — BOQUET|, fabricant breveté d'ENCRIERS-POMPES, à Paris, rue de Richelieu, n. 1.

L'*encrier-pompe* conserve très long-temps l'encre parfaitement fluide, permet de la tenir à volonté à l'abri du contact de l'air, et par sa simplicité il n'exige aucun soin ni entretien ; ce qui le rend fort utile dans toutes les études et bureaux.

67. — LESGUILLIER-CRIQUET, fabricant breveté de biscuits et pains d'épices de Reims, à Paris, rue Mauconseil, n. 1, près la rue Saint-Denis.

Fournisseur breveté de LL. MM. la reine des Français et la reine des Belges, M. Lesguillier continue à se rendre digne de cette bienveillante faveur en fabricant des biscuits et des pains d'épices dont la qualité est telle, qu'ils obtiennent souvent la préférence même sur ceux qui se fabriquent à Reims. Aussi il a été obligé d'agrandir sa maison, et aujourd'hui il peut rapidement répondre à toutes les demandes qui lui sont adressées de France ou de l'étranger. Les articles spéciaux de sa fabrication journalière sont les biscuits, les pains d'épices surfins, les pavés, les croquets, les croquants, les nonettes à la reine et les massepains superfins.

68. — VERSTAEN jeune, chapelier, à Paris, rue Sainte-Anne, n. 48.

Fabrique toute chapellerie fine en gros et en détail. On trouve chez lui des chapeaux dans le dernier goût et d'une confection supérieure, apprêtés à l'imperméable contre la transpiration. Les prix, de 30 pour 100 au dessous de ceux connus, sont fixés ainsi qu'il suit :

Chapeaux de soie de 9 à 13 fr. au lieu de 11 à 16.

Chapeaux de castor de 18 à 22 fr. au lieu de 22 à 30.

69. — PENNEQUIN, ébéniste-mécanicien, rue de Lesdiguières, n. 3, près de l'Arsenal.

Il est l'inventeur breveté de nouvelles moulures dites *Pennequinerie* pour orner les meubles, les siéges, la menuiserie, les pianos et les billards, etc.

Il peut aussi exécuter ces moulures sur les marbres, les métaux et les pièces d'orfévrerie, et il tient également une fabrique de toutes sortes de meubles de tous genres et de toutes qualités à des prix très modérés, et se charge de faire des envois dans les départements et à l'étranger.

70.— KETTENHOVEN, fabricant et inventeur breveté d'une nouvelle fermeture de portes à coulisses, à Paris, rue Ménilmontant, n. 6.

Fait exécuter, soit en ébénisterie, soit en menuiserie, toute espèce de travaux avec cette fermeture, et cédera également des priviléges pour toute la durée de son brevet à MM. les fabricants qui voudront être les seuls à l'exécuter.

Il fabrique aussi des boucles jumelles à bascules, sans ardillons, pour guêtres de chasse, souliers, bretelles, brodequins, cols et jarretières, etc.

71. — JOURDAIN, TAPISSIER, fabricant breveté des SOMMIERS JOURDAIN, construits tout en fer, à Paris, boulevart Saint-Denis, cité d'Orléans, n. 5.

Ces sommiers, infiniment supérieurs à tout ce qui s'est fait jusqu'à ce jour, ont, entre autres avantages sur les anciens sommiers, ceux d'être plus agréables au coucher, de ne pouvoir être attaqués des vers, de n'avoir jamais besoin d'être rebattus, et de conserver toujours la même forme et la même élasticité.

Il en établit aussi d'analogues par un procédé légèrement modifié, qu'il peut donner à des prix beaucoup plus modérés.

72. — SCHOEN, facteur de pianos, à Paris, rue Basse-du-Rempart, n. 46.

Les pianos de M. Schoen se recommandent assez par leur bonne confection et leur fini pour qu'il ne soit pas nécessaire de s'étendre à ce sujet; cependant il peut être utile de rappeler qu'il a obtenu à l'exposition nationale de 1859 une médaille pour la supériorité de ses instruments.

Il expose un piano droit d'un nouveau modèle, remarquable par la force, la qualité des sons, et l'élégance de son extérieur.

75. — CONTAMINE, fabricant de bronze pour le bâtiment, à Paris, rue Geoffroy-Lasnier, n. 18.

Il est breveté d'invention, d'importation et de perfectionnement, pour de nouveaux systèmes de fermetures de croisées sous la dénomination de *Parisiennes* mécaniques, avec gâches, à rouleaux cylindriques à pivot. Ces nouvelles fermetures ont pour but de remplacer d'une manière avantageuse celles connues jusqu'à ce jour, d'offrir beaucoup plus de solidité, et de ramener par ce moyen le gauche des croisées.

Il fabrique aussi des espagnolettes ciselées en tous genres, fait des palâtres ciselés de serrures de différents modèles, des targettes de toutes grandeurs, des boutons ciselés de toutes formes, des béquilles, des différentes pommes pour le couronnement des pilastres de rampes, et généralement tout ce qui concerne le bâtiment.

74. — GUINIER, fabricant de garde-robes inodores, rue Saint-Honoré, n. 321.

Ce nouveau système, sans être plus cher, offre une économie, puisqu'une partie de l'eau employée pour le lavage s'écoule par un tuyau séparé. Il est très solide et se meut en tous les sens, c'est-à-dire qu'il tourne à droite et à gauche en faisant fonctionner la soucoupe et le robinet, quoique ce dernier soit indépendant de la tige mise en mouvement.

Garde-robes ordinaires, simples, et à effet d'eau tournante des deux côtés ; garde-robes portatives, à fauteuil et forme bidet, etc.

Tous les ouvrages sont confectionnés avec beaucoup de soin et garantis.

75. — GANDILLOT, fabricant de FER CREUX, à Paris, rue Bellefond, n. 32, et dépôt, boulevart Bonne-Nouvelle, n. 32.

Ce fabricant, breveté pour les *tubes à gaz en fer creux*, étirés et soudés à chaud ; pour les conduites d'eau, les calorifères d'eau chaude sans danger d'incendie ; pour les tuyaux à vapeur et le chauffage ou l'évaporation dans les usines ; pour les essieux et les rails pour les chemins de fer, est arrivé à établir des ameublements en fer creux aussi riches que s'ils étaient confectionnés par nos plus habiles ébénistes.

Il expose un banc nouveau modèle pour promenades publiques et divers meubles de jardin et d'appartement, tous en fer creux. Il fabrique en outre des lits riches, des couchettes ordinaires et doubles, des chaises, bancs, tables, jardinières, fauteuils, grilles, balcons, balustrades, rampes, un nouveau genre de fenêtres, des échelles, et enfin des râteliers de toutes les dimensions.

76. — CHAMPION (Madame), marchande de modes et nouveautés, à Paris, rue du Temple, n. 63.

Se livre depuis quelque temps à la fabrication en grand des objets de mode et de nouveautés, les confectionne avec le plus grand soin au goût du jour, et les tient dans les bornes d'un prix tellement modéré, qu'ils peuvent tout spécialement être achetés pour l'exportation.

77. — MOUREY, fabricant de BIJOUTERIE, à Paris, rue du Temple, n. 63.

Fabrique et expose des bijoux en ciselure repoussée après dorure, ayant tout le fini de l'or. Il expose en outre divers autres produits également de sa fabrique, parmi lesquels on remarque une magnifique toilette dans le genre *feuillage* et *renaissance*, avec fleurs, porcelaine, représentant la belle Féronière avec François Ier et Diane de Poitiers.

Le bon goût de ses produits lui a mérité une médaille à l'exposition nationale de 1839.

78. — MARTIN, fabricant du fusil *Bessière* ainsi que d'autres armes blanches et à feu en tous genres, à Paris, rue Phelippeaux, n. 36.

Expose des fusils de chasse et de guerre de son nouveau système, fusils ayant la facilité de s'amorcer seuls, de pouvoir tirer de 80 à 100 coups sans toucher aux capsules, puisqu'en armant le fusil au deuxième cran, chaque capsule vient se placer d'elle-même sur la cheminée. Le mécanisme aussi simple qu'ingénieux de ce nouveau fusil peut s'adapter à tout ancien fusil, soit de chasse soit de guerre, qui serait à pierre ou à piston. Avec les fusils de ce nouveau système, les chasseurs n'éprouveront plus à l'avenir, et principalement dans les grands froids, le désagrément d'amorcer avec leurs doigts, et pourront, s'ils le désirent, chasser avec leurs gants.

Les militaires qui seront armés de fusils montés dans ce nouveau système pourront facilement tirer un tiers de coups de plus qu'avec les fusils ordinaires, et même avec moins de précipitation, vu la suppression des temps pour passer l'arme à droite afin de l'amorcer, etc., etc.

Les commandes que reçoit chaque jour M. Martin lui sont un sûr garant de l'appréciation du mérite de son nouveau système.

79. — PELLERIN, fabricant breveté de mélophones perfectionnés, et fournisseur de S. A. R. le duc d'Orléans, à Paris, quai Bourbon, n. 29.

L'usage de cet instrument, auquel on a décerné une médaille d'argent à l'exposition de 1839, et qui, malgré sa nouveauté, se prête si facilement, et sans avoir pour ainsi dire besoin d'apprentissage, aux volontés des artistes, des ménétriers et des simples amateurs, a été considérablement augmenté.

M. Pellerin fabrique aujourd'hui des
Mélophones n° 1, à 5 octaves pleines, pour artistes.
—   n° 2, à 4 oct. 2/3, pour amateurs.
—   n° 3, à 4 oct. 1/2, pour dames.
—   n° 4, à 4 oct., pour jeunes personnes.
—   n° 5, à 4 oct., pour enfants de 8 à 12 ans.
On trouve chez lui des cours de Mélophone, et des leçons particulières par les meilleurs professeurs.

80. — CLERVILLE, COIFFEUR, breveté pour les PERRUQUES HYGIASTELNIQUES, à Paris, rue Montorgueil, n. 84.

Expose des *perruques hygiastelniques*, c'est-à-dire salubres et ne pouvant se rétrécir, sans ruban, sans tulle et sans couture ; ce qui les empêche d'avoir de la transparence ou une épaisseur désagréable, avantages dont on apprécie aisément l'importance quand on se rappelle que le ruban et le tulle, en donnant aux perruques de l'épaisseur, interceptent l'air, et les empêchent de sécher sur la tête lorsqu'elles ont été mouillées par la transpiration.

Sa spécialité étant le postiche en général, il est parvenu aujourd'hui à fabriquer ce genre avec un bien grand degré de perfection, au moyen des procédés nouveaux et ingénieux qu'il emploie constamment dans leur confection, ainsi que dans celle de ses jolis cachefolies, demi-cachefolies, tours de tous genres pour dames, et enfin de tous les ouvrages qui sortent de chez lui.

81. — ANIEL, fabricant breveté de PARQUETS SANS LAMBOURDES et de RAMPES, à Paris, rue du Faubourg-Saint-Denis, n. 84.

Il expose des échantillons des parquets de son invention, offrant l'avantage de n'avoir pas besoin de lambourdes et de préserver les rez-de-chaussée de toute humidité, de n'éprouver par aucun temps la moindre détérioration. Ces parquets, qui furent admis à l'exposition de 1859, et qui présentent en même temps que la plus grande solidité une économie d'un sixième, lui ont mérité une mention honorable. Cette année, M. Aniel, qui fabrique également les rampes de tous les genres, voulant arriver à baisser encore ses prix, a imaginé de confectionner des parquets en bois de sapin, qui ne le cèdent presque en rien à ceux en bois de chêne.

82. — FLESCHELLE, DE VITRY, et Cie, fabrique de CHAPEAUX DE PAILLE en tous genres, à Paris, rue de Richelieu, n. 76.

Cet établissement, nouvellement fondé, réunit dans ses magasins toute la haute nouveauté en paille-fantaisie pour chapeaux de paille en tous genres pour l'exportation, tels que chapeaux de bois blanc dits *paille de riz*, capotes de paille d'Italie, chapeaux de paille cousue, française, belge, anglaise et suisse.

Les généreux efforts que n'ont cessé de faire les fondateurs de cet établissement pour élever l'industrie de paille française au niveau de l'industrie étrangère ont été couronnés depuis deux ans du plus brillant succès. Honneur et gloire leur soient rendus, car ils ont eu à soutenir une lutte formidable contre l'étranger, et même contre leurs concitoyens, qui jusqu'à ce moment se trouvaient sous l'influence de ce préjugé, que les enfants de la France étaient incapables de faire ce que les enfants de l'étranger font depuis un temps immémorial. Aujourd'hui la fabrication des tresses en paille française n'est donc plus un problème, et les produits qui pourront dorénavant provenir des départements de l'Orne et de la Mayenne, centre de ce genre de fabrication, sont assurés d'avoir un débouché, car la majeure partie de ses produits pendant les années 1841, 1842 et 1843, entreront dans les magasins de MM. Fleschelle, de Vitry, et Ce, qui ne cesseront de contribuer par tous les moyens possibles au développement d'une œuvre à la fois philanthropique et nationale.

Ils exposent en outre des chapeaux de paille dont les tresses ont été faites à Limoges avec du fil de palmier, et, de plus, ils tiennent et fabriquent chez eux tous les chapeaux et articles en paille de fantaisie indigène ou étrangère.

83. — SIMON-GIROUX, fabricant de LUNETTES, à Paris, rue Montmorency, n. 37.

Il expose un assortiment complet de lunettes et de cannes, cravaches, parapluies et éventails . portant des lunettes ou des lorgnettes cachées dans leurs montures, et fort remarquables par l'habileté avec laquelle elles s'y trouvent masquées.

Il fabrique des lunettes en or, en argent, en écaille, et des lorgnons, face à main et lunettes mécaniques ; il confectionne la pomme de canne à face, à ressort, à lorgnon, à tirage ; les ombrelles, cravaches, manches de parapluies, tabatières en tous genres, à face et à ressort, des cachets de bureaux, des manches d'éventail et des cannes évidés, également à face et à ressort.

Enfin il fabrique tout ce qui concerne généralement son état.

84. — BISSON (L.-A.) fils, artiste photographe, à Paris, rue Saint-Germain-l'Auxerrois, n. 65.

Obtient des portraits au daguerréotype, à l'aide de nouveaux perfectionnements qui ont été présentés par lui successivement à l'Académie des sciences Institut de France).

Ses épreuves se distinguent par la vigueur de la teinte, par l'atténuation du miroitage et par la promptitude de la pose, qui permet de saisir immédiatement l'expression de la physionomie.

85. — VINKEN neveu, successeur du sieur Bolders, fabricant de FONTAINES A THÉ, honoré d'une médaille d'honneur en 1841, à Paris, rue Saint-Honoré, n. 315, presque vis-à-vis l'église Saint-Roch.

Ce fabricant, auquel on a accordé des mentions honorables aux expositions de 1834 et 1839, se livre particulièrement à la fabrication de fontaines à thé ayant l'avantage de faire bouillir de l'eau en dix minutes, et en même temps l'on peut y faire bouillir du lait, cuire des œufs, chauffer un plat et tout ce qu'on désire. Vinken est l'inventeur d'une cafetière à la vapeur, établie par un nouveau procédé, et permettant de faire avec une demi-once de café moulu deux tasses de café ; opération qui se fait par la vapeur dans un globe en cristal, une bouillotte à bascule, avec lampe à esprit de vin.

On trouve également dans ses magasins des réchauds de table à bougie et à braise, des flambeaux, bougeoirs, cafetières et théières de toutes sortes, des cafetières du Levant, des plateaux en tôle vernie, des corbeilles et pyramides pour fleurs, des corbeilles à pain et à couteaux, et tout ce qui concerne les ménages.

86. — LECROSNIER, fabricant breveté de COMPAS, à Paris, rue du Temple, n. 69.

Les compas du nouveau système à aiguilles, inventés par M. Lecrosnier, sont plus justes, plus commodes, et d'un prix beaucoup moins élevé que ceux dont les branches sont entées en acier jusqu'au tiers de leur longueur.

87. — TRESEL, ingénieur-mécanicien, fabricant breveté de MACHINES A VAPEUR, ainsi que de MÈTRES et de COMPAS D'ÉPAISSEUR A COULISSE, à Saint-Quentin (Aisne), dépôt, à Paris, chez M. Lecrosnier, rue du Temple, n. 69.

Fabrique et expose des *demi-mètres à coulisses* et des *compas d'épaisseur à coulisses*, dont tous les dessinateurs et fabricants de machines comprendront l'utilité.

On peut remarquer aussi les avantages que doit présenter le système de machines à vapeur que fabrique **M. Tresel**, et dont les plans et dessins ont pu seuls cette année être exposés.

88. — CAZAL, fabricant de PARAPLUIES et OMBRELLES, breveté, fournisseur de S. M. la Reine, à Paris, boulevart des Italiens, n. 23.

Les parapluies et ombrelles Cazal, dont les prix varient de 10 fr. et au dessus, sont les seuls dont la supériorité a été reconnue par le jury de l'exposition de 1839, qui a décerné une médaille d'honneur à leur inventeur.

Ce mécanisme a l'avantage d'éviter toute espèce d'entaille dans la canne du parapluie; ce qui les rend à la fois plus solides et plus légers, sans que le prix en soit augmenté.

M. Cazal est aussi l'inventeur des parapluies de voyage, dont la canne se démonte à volonté; ce qui permet de s'en servir séparément.

La simplicité du mécanisme, n'exigeant aucune réparation, permet à l'inventeur d'en donner toute garantie.

Pour prévenir toute contrefaçon, chaque parapluie portera le nom de l'inventeur.

Il tient également les cannes, fouets et cravaches de goût.

Dépôt boulevart Montmartre, n. 10, en face la rue Neuve-Vivienne.

89. — TRONCHON, fabricant breveté de *grillages mécaniques*, avenue de Saint-Cloud, n. 11, au rond point de l'Arc de triomphe de l'Étoile, et dépôt dans Paris, rue Montmartre, n. 142.

A un aspect de gracieuse et élégante légèreté joindre une solidité réelle, une économie d'usage incontestable, une grande variété de formes, tel est l'important problème qu'a résolu M. *Tronchon* par la découverte d'un procédé mécanique pour la confection des grillages en fil de fer inoxydable dont il a enrichi l'industrie, et qui vont désormais enclore et embellir nos parcs et nos jardins en se substituant, même à moins de frais, à ces lourds treillis en bois qui ne tardaient pas à offenser le regard par de nombreuses traces d'une vétusté précoce.

L'on peut appliquer ce genre de grillage aux grilles de parcs, aux berceaux, châssis, siéges et clôtures de jardin, aux espaliers, faisanderies, poulaillers et volières, aux gardes-feu et à tous les entourages de cours ou de jardins.

90. — FAURE, fabricant de fauteuils, rue du Faubourg Saint-Denis, n. 14, à Paris.

Se livre à la fabrication toute spéciale des meubles de salon, genres gothique, renaissance, rocaille et moderne. On trouve chez lui un assortiment complet de fauteuils en bois doré, style Louis XV, avec ornements en cuivre ciselé et doré, ainsi que des fauteuils et chaises en bois divers pour chambres à coucher, boudoirs, cabinets et salles à manger.

91. — LEMARE (Ve), fabricante brevetée des caléfacteurs, quai Conti, n. 3, à Paris.

Expose des CALÉFACTEURS perfectionnés ou appareils propres à faire cuire à la fois, avec une livre de charbon, de deux à sept plats, y compris le rôti, pour quatre à six personnes. Elle fabrique en outre des cylindres de bain en cuivre, chauffant le linge, du prix de 55 fr., des cafetières à l'esprit de vin et à feu supérieur, des poêles pantothermes en cuivre et en tôle, plus des lampes-bougeoirs, etc. (Voir la notice détaillée donnant la description des divers appareils.)

Tous ces appareils ont valu à leur inventeur deux médailles d'or à la Société d'encouragement, et trois médailles d'argent aux trois dernières expositions nationales.

92. — PATUREL, fabricant breveté de FOUETS, à Paris, rue Saint-Martin, n° 98.

La fabrication des fouets et cravaches est devenue une spécialité à laquelle se livre essentiellement M. Paturel, qui tient tout ce qu'il y a de plus perfectionné en fait de CRAVACHES et de FOUETS pour voitures et cabriolets. La manière avec laquelle ils sont tressés et le prix modéré auquel on les vend doivent les faire remarquer.

93. — LEJEUNE fils, successeur de son père, fabricant breveté de moulins à poivre et à café, et de charnières, à Paris, rue de Charenton, n. 83, faubourg Saint-Antoine.

Fabrique et expose :

1° Des charnières en fer et cuivre plein brevetées.

Ces charnières sont d'une fabrication toute mécanique et nouvelle.

On obtient par là des nœuds parfaitement ronds et deux fois plus solides qu'avec l'ancien système; cela procure un mouvement de rotation très doux, une force et une régularité supérieures.

Il résulte de cette fabrication une très grande amélioration, qui donne la facilité de pouvoir trouver un débouché plus grand en raison des économies qu'elle offre, et qui permettent de fournir cet article dans nos colonies, tandis que jusqu'à présent on avait peine à rivaliser avec l'étranger.

2° Un moulin breveté pour moudre le café, le poivre ou toute autre graine. Ce moulin, d'une forme gracieuse, peut servir d'ornement dans les magasins où il est dans le cas d'être placé. Il est d'un nouveau système de montage, qui le met à l'abri des grands inconvénients qu'on reprochait à l'ancien système.

Ce moulin est beaucoup plus facile à tourner que les autres ; il peut se placer sur un comptoir, une tablette, etc., sans qu'on soit obligé de le monter sur un banc, qui occupe toujours beaucoup de place. Cet avantage évite une dépense, car il suffit de l'attacher avec quatre vis.

94. — FEYEUX, négociant, fabricant de fécules alimentaires, rue Taranne, n. 16, près celle des Saints-Pères, à Paris.

Se livre spécialement à la pulvérisation et à la préparation des pâtes des îles, telles que tapioca, sagou, salep, arrow-root, etc.

Il fabrique des farines de légumes et châtaignes cuites, des pâtes féculentes, *semoules* et *farines* de riz, sarrasin, gruau, maïs, pomme de terre.

Il fabrique en outre des chocolats naturels et composés au salep, au lait d'amandes, au gruau, au gland d'Espagne, et ferrugineux.

Le chocolat pulvérisé ou fécule de cacao est un aliment d'une digestion extrêmement douce. Ses qualités nutritives et toniques conviennent aux convalescents, aux estomacs irrités ou affectés de gastrite, aux poitrines faibles, aux vieillards et aux enfants en bas âge; il fortifie leur estomac sans le fatiguer, développe leurs forces. et favorise leur croissance.

Enfin il tient un magasin de macaroni, vermicelle, les diverses variétés de thé, les pâtes et semoules d'Italie.

95. — CRÉMER, artiste découpeur et en mosaïque, à Paris, et rue de l'Entrepôt, n. 29, ou rue de Las-Cases , n. 7.

Depuis sept ans qu'il habite Paris , M. Cremer travaille dans les incrustations de différents genres et connaît toutes les difficultés des meubles. Il est arrivé au point de surmonter tous les inconvénients , et en 1839 , à la grande exposition nationale, il a obtenu la médaille de bronze, la seule qui fut décernée pour ce genre d'industrie.

96. — POITEVIN, fabricant breveté de boucles sans ardillons, par traction et pression, à Paris, rue de Richelieu, n. 1, au coin de la rue Saint-Honoré.

Cette boucle, qui a obtenu la préférence sur tout autre genre, ne laisse plus rien à désirer pour sa solidité, par suite d'un nouveau perfectionnement ; elle offre l'avantage de préserver de déchirures les rubans et tissus, et tout ce qui est mis en contact avec elle.

Ces boucles sont employées pour bretelles, pantalons, gilets, cols civils et militaires. Il en existe de nouveaux modèles pour ceintures de dames, dorés et deuil.

97. — DUVELLEROY, fabricant breveté de *filoirs* et d'*éventails* , FABRIQUE ET DÉPOT GÉNÉRAL à Paris, boulevart Bonne-Nouvelle, n. 9.

FILOIRS

POUR REMPLACER LE ROUET

et toutes les machines à filer.

Un savant modeste et ingénieux, qui a doté l'industrie de plu-

sieurs inventions remarquables, et que l'industrie a trop tôt per-
du, M. C. Duverger, se préoccupant du sort de nos pauvres fileuses de campagne, auxquelles la filature mécanique fait une
si rude concurrence, étudia le rouet et chercha à en faire un
instrument plus approprié aux nouveaux besoins De là la découverte du *filoir*, qui est un rouet admirablement simplifié. M. Duverger avait, après de longues études, résolu le problème que
dans ses idées philanthropiques il avait surtout poursuivi : il of-
frait à nos fileuses de campagne une grande économie de temps
et de matières; mais, au même instant, il avait atteint un autre
but, qui plus tard, à ses yeux et aux nôtres, eut bien aussi son
importance, c'est-à-dire qu'il avait fourni à nos dames une oc-
cupation agréable, qui favorise le déploiement des grâces naturelles, en même temps qu'il les développe, et qu'il entretien la
santé par un exercice salutaire.

Avantages du filoir.

Le *filoir* est d'une construction solide, d'une forme char-
mante, d'un mécanisme on ne peut plus simple; son poids est
d'un kilogramme. Comparé au rouet et à toutes les autres machines à filer qu'il vient remplacer, il a sur eux des avantages
incontestables.

Il file sans jamais casser son fil; il n'a pas besoin de réparations; il ne fait pas de bruit, et son mouvement est si doux,
qu'un long travail ne fatigue pas; il peut, dès la première vue,
servir à une fileuse inhabile; il retord tous les fils à coudre; il
sert à filer le *chanvre*, le *lin*, le *coton*, la *laine*, la *soie*, la
fantaisie, depuis le numéro le plus gros jusqu'au plus fin; il file
en écheveau, et prévient ainsi les retards, les pertes et les accidents du dévidage; il est très portatif, puisqu'il se replie sur
lui-même, et n'a plus alors que 5 centimètres d'épaisseur.

Prix 10, 12, 15, 20, 25, 30, 35, 40, 50, 60, 80, 100 fr. et au
dessus.

Adresser les demandes, affranchies, avec un mandat à vue sur
Paris, à M. Duvelleroy, au dépôt général des *filoirs*, boulevart
Bonne-Nouvelle, 9.

ÉVENTAILS.

DUVELLEROY, fabricant et fournisseur breveté d'*éventails* de S. A. R. Mme. la duchesse d'Orléans, et ayant reçu une médaille d'argent en
1839.

A Paris, rue de la Paix, n. 15 ;

Et passage des Panoramas, galerie de la Bourse.

98. — BINARD (C E.), professeur de calligraphie, rue Beautreillis, n. 12.

Expose un cadre (ou tableau) qui représente au milieu le diplôme de membre de l'Académie de l'industrie obtenu par l'exposant en 1841 ; à droite le brevet d'institutrice de Mme Binard, maîtresse de pension, rue Beautreillis, 12 ; à gauche, divers papiers importants, et sur le tout répandues au hasard les cartes de la plupart de MM. les membres de l'Académie, avec cette épigraphe :

Souvent un beau désordre est un effet de l'art.

On peut remarquer dans la même galerie d'exposition une carte de France exécutée par les élèves de Mmes Guesnier et Rignolet, à l'Athénée du Marais, dirigée pour l'écriture par M. Binard, leur professeur d'écriture.

99. — LELONG, fabricant de chaînes et bijoutier en doré, à Paris, rue du Temple, n. 49.

Ce fabricant, qui depuis quelque temps a réuni la fabrication d'objets divers de bijouterie dorés à la fabrique de chaînes, vient en outre d'imaginer un nouveau genre de chaînes sans emmaillement.

Il expose :

Une montre garnie de chaînes dorées dans les plus nouveaux modèles ;

Une autre montre garnie d'un assortiment de bijouterie d'un fort beau travail, ciselée après dorure.

Ces deux genres se font remarquer par la grâce des modèles, le fini de l'ouvrage et la modicité de leur prix, ce qui permet de les livrer avec succès à l'exportation.

100. PUGET, coiffeur breveté, inventeur des *Peignes-Puget*, à Paris, rue des Francs-Bourgeois, n. 25, au Marais.

Non seulement on doit à M. Puget l'invention des peignes qui portent son nom pour maintenir les diverses coiffures, mais il est encore l'inventeur d'un nouveau peigne dont il expose plusieurs échantillons, et qui offre l'avantage de pouvoir se décrasser à la minute dès que l'on tourne un petit bouton, lequel force les vides restés entre les lames du peigne, en revenant sur elles-mêmes, laisser les lames d'un petit râtelier, venir décrasser ces vides et à nettoyer parfaitement et à la fois toutes les dents, qui par conséquent ne peuvent plus être encombrées par les petites pellicules de la tête que l'on voit habituellement s'y amasser si promptement et d'une manière si désagréable et si malpropre.

101. — GRENIER, tôlier, fabricant breveté de fourneaux pour fers à repasser, à Paris, rue Saint-Germain-l'Auxerrois, n. 43, en face du Grenier à sel, près la place du Châtelet.

M. Grenier, ayant obtenu un brevet d'invention et une mention honorable en 1839, est aujourd'hui bien connu à Paris pour la fabrication toute spéciale qu'il fait des fourneaux à chauffer les fers des blanchisseuses, des tailleurs, des chapeliers, des teinturiers, des dégraisseurs, ainsi que des fourneaux portatifs pour chaudières à lessive. Il se livre, comme on voit, tout particulièrement à la fabrication de fourneaux propres à supporter et à chauffer les fers à repasser. Ces fourneaux, construits d'après ses derniers perfectionnements, ont été généralement reconnus comme étant fort économiques, et ils sont adoptés maintenant par un grand nombre de tailleurs, de blanchisseuses, de chapeliers et de teinturiers.

Il expose plusieurs échantillons de ces fourneaux, et il en tient toujours un grand assortiment à la disposition du public, ainsi que des poêles flamands et belges.

102. — BAUVE, fabricant breveté des CHANDELLES-GAZ, à Paris, rue de Vaugirard, n. 91.

Se livre à la fabrication spéciale des chandelles connues tout particulièrement sous le nom de *chandelles-gaz.* Cette espèce de chandelle est fabriquée avec du suif préparé par des procédés nouveaux, découverts et appliqués par M. Bauve, qui seul a le privilége de cette fabrication. Cette chandelle, aussi belle que la bougie, a sur la chandelle ordinaire l'avantage de donner une flamme blanche et pure, de ne pas fumer, et de ne répandre aucune odeur désagréable. Sa consistance est tellement grande, qu'elle peut supporter une haute température sans se fondre ; aussi convient-elle spécialement pour l'exportation. Sa durée étant de une à deux heures de plus que celle de chaque chandelle ordinaire, on peut assurer que son usage pour le consommateur est tout aussi économique sans en avoir les inconvénients.

103. — MARION, fabricant de PAPETERIE DE LUXE, à Paris, cité Bergère, n. 14.

La maison **MARION**, à laquelle le monde élégant est redevable des plus notables perfectionnements apportés dans la papeterie de fantaisie, s'occupe seule à Paris, d'une manière exclusive, de cette importante spécialité. Il serait aussi difficile de dire en quelques lignes que de saisir nettement d'un seul coup d'œil tous les produits de cette maison ; il faut donc se borner à ne parler pour le moment que de ce qu'elle fait de plus nouveau et de ce qui fixe le plus l'attention.

D'abord on voit en première ligne ses enveloppes : car si un papetier, après avoir eu l'idée de faire des enveloppes à bon marché, fut imité par tous ses confrères, M. Marion, qui ne suit pas toujours la route ordinaire, ne voulut pas aller sur ces traces, et conserva aux enveloppes leur ancien prix. Pour arriver à ce but difficile, il fut naturellement obligé de faire mieux que les autres, et c'est à quoi il est parvenu. Pour en avoir la preuve, il suffit de jeter un coup d'œil sur ses nouvelles enveloppes. En les examinant, on leur reconnaîtra de suite un type nouveau et une grâce toute particulière. Ainsi, le petit ornement qui les entoure est une chose nouvelle obtenue mecaniquement au moyen d'une machine qui découpe les enveloppes et les gaufre simultanément, ce qui permet de les livrer à la consommation aux mêmes prix que si elles étaient unies. Des petits formats de papiers pour billets sont aussi découpés et ornés d'un petit encadrement par la même opération que les enveloppes.

Un brevet a été délivré à M. Marion pour cette machine à découper.

Ces enveloppes sont vendues en boîtes de 100, soit assorties , soit du même format.

Les petits formats, 2 fr. la boîte.
Les grands formats, 3 fr. la boîte.

104. — PAUBLANC, serrurier-mécanicien, fabricant de COFFRES-FORTS et de SERRURES A COMBINAISONS, à Paris, rue Saint-Honoré, 366.

Expose un coffre-fort avec une serrure à combinaisons, exempte du danger du tact et les indications fournies par la résistance du pêne et du va-et-vient. Cette amélioration offre une ressource tellement grande pour le serrurier contre les malfaiteurs, qu'elle a reçu de nombreux encouragements ; aussi, quoique ce mécanisme ne fût encore, pour ainsi dire, qu'indiqué à l'époque de l'exposition nationale de 1839, il lui valut alors une mention honorable, et en 1840 une médaille d'honneur en argent.

3

105. — MASSUE, fabricant de PEIGNES, à Paris, rue Aumaire, n. 3.

Ce fabricant, auquel il a été décerné une médaille d'argent en 1841, continue à donner le plus grand degré de perfection possible aux peignes d'ivoire, et même à ceux de bois, comme le prouvent les divers articles exposés, et qui tous sont sortis de ses ateliers, dans lesquels ils sont fabriqués par des moyens mécaniques dont il est l'inventeur.

106. — GUERRIER, fabricant breveté de meubles confortables de jardin, fournisseur de la famille royale, à Paris, rue Saint-Lazare, n. 144.

Fabrique des chaises, banquettes et divans à impériale et autres meubles confortables de jardin à l'abri de l'intempérie des saisons.

Le confortable étant aujourd'hui recherché dans toutes nos habitations, c'est d'après ce besoin général que M. Guerrier a eu l'idée d'introduire dans les parcs et jardins des siéges aussi élégants et aussi confortables que les meubles d'appartements, afin de faire disparaître les bancs de bois et en fer à claire voie, dans lesquels la souplesse et la propreté sont entièrement sacrifiées.

Les meubles de M. Guerrier portent au fond et au dossier des coussins doux et recouverts d'etoffes aussi délicates que celles des meubles d'intérieur; de manière qu'en s'asseyant on ne sent nulle part le fer sur lequel les châssis sont montés. Pour arriver à ce but, il a imaginé un mécanisme fort simple qui tient avec le dossier, de sorte que, quand on rabat le dossier pour couvrir le siége, le châssis rentre dans l'intérieur et fait place au dossier, qui vient s'y emboîter hermétiquement, et garantit le siége de toutes les intemperies.

Les efforts de M. Guerrier ont été couronnés par de nombreuses commandes, parmi lesquelles il est important de citer celles des membres de la famille royale, de M. le baron de Montmorency, de M. le comte de Choiseul, de M. le duc de Rohan, de M. le marquis d'Aligre, de M. Rotschild, et de M. Hope, qui tous sont satisfaits de trouver enfin pour leurs parcs et jardins des siéges parfaitement en harmonie avec l'exigence des toilettes et du confortable.

107. — CHIBON, fabricant breveté de COUVERTURES de maisons, à Paris, rue de Charonne, n. 51.

Fabrique et expose 1º des *ardoises en zinc* avec voliges et chevrons;

2º Des *tuiles avec reliefs* fort économiques pour le poids et la main-d'œuvre ;

3º Des *ardoises* plus économiques et plus stables que les anciennes ;

4º Des *chaîneaux en zinc* avec application galvanique pour les poser sur plâtre ;

5º *OEil de bœuf* en zinc sans soudure ;

6º *Echelle spéc ale* pour les couvertures en ardoises.

M. Chibon espère voir rapidement dominer ces nouveaux produits sur tous les anciens, dont les inconvénients sont trop connus pour qu'il soit besoin de les rappeler.

108. — JOCHEM, cordonnier fabricant, breveté de nouveaux socques, à Paris, rue Saint-Honoré, n. 334.

Inventeur breveté pour les socques sans brides pour hommes et pour femmes. Ces mêmes socques ont un double avantage : 1º on n'est pas obligé de se baisser ni de les toucher avec les mains pour les mettre ni pour les ôter ; 2º l'usage en est presque double par le moyen que l'on peut les mettre alternativement d'un pied à l'autre.

On trouve des mécaniques pour homme chez l'inventeur.

109. — BERINGER, ARMURIER breveté, à Paris, rue du Coq-Saint-Honoré, n. 6.

Il fabrique des fusils et pistolets de son invention se chargeant par la culasse avec cartouches métalliques portant leur amorce dans l'intérieur, sans communication à l'extérieur. Ces armes sont entièrement exemptes de tout crachement.

110. — LESOUEF (Mlle Zulma), fabricante de *cols* et lingerie, à Paris, rue du Marché-Saint-Honoré, n. 9, au fond de la cour, à l'entresol.

Fabrique des cols et cravates dans le genre le plus élégant, très souples, et ne se déformant jamais ; elle fabrique aussi des chemises, des cols de chemises, des jabots, manchettes, et cravates en tous genres, ainsi que les rosettes cartonnées pour les décorations que portent MM. les officiers des divers ordres ; enfin elle fabrique les grands cordons de la Légion-d'honneur et expédie en France et à l'étranger.

111. — TIREMARCHE, fabricant de garde-robes, à Paris, rue Saint-Honoré, n. 357 *bis*.

Expose des garde-robes fixes ou portatives, parfaitement ino-

dores, et ne laissant rien à désirer sous le rapport de la salubrité.

112. — VILLOT-SMALL, fabricant de VANNE-RIE, à Paris, rue Croix-des-Petits-Champs, n. 23.

L'art du vannier depuis quelque temps a fait un immense progrès : aussi M. Villot-Small ne s'en tient plus à la confection de
ces grossiers paniers dont les travaux journaliers des fermes ou
des basses-cours et cuisines peuvent avoir besoin, mais il se livre à la fabrication d'objets de fantaisie d'un goût souvent des
plus gracieux. Les articles à jours sont même tellement jolis et
réguliers, qu'ils remplacent avec le plus grand succès auprès des
dames le canevas en fil, et maintenant elles brodent ou couvrent
chaque jour d'ornements une foule de ces articles. Aussi M. Villot-Small s'applique-t-il à n'avoir dans ses magasins que des objets en vannerie fine les plus nouveaux et du meilleur goût : ainsi
l'on y remarque dans ce moment les *vases Mazagran*, les *paniers Pompadour*, des *corbeilles suisses et napolitaines*, des
corbeilles et paniers bergères des Alpes, des *vases à fleurs* de
toutes les formes, et une multitude d'autres objets pour cadeaux
ou pour usages journaliers, tous parfaitement gracieux, très bien
travaillés, d'un prix modéré, et ne laissant rien à désirer sous
le rapport de la solidité.

113. — ROLLAND, COIFFEUR breveté, à Paris, rue Caumartin, n. 34.

Ce coiffeur a été breveté d'invention et a reçu une médaille
d'honneur pour l'introduction du caoutchouc dans le travail des
cheveux. Il fabrique des perruques et toupets de toutes façons à
des prix fixes et modérés; et il est le seul fabricant des perruques
qui ne se défrisent pas, à l'usage des cochers (genre anglais),
et des toupets sans tresses, très légers, pour les personnes sen-
sibles de la tête.
Nota. — Ne pas confondre avec la boutique à côté.

114. — CUILLIER, fabricant de CHOCOLAT, à la Caravane, à Paris, rue Saint-Honoré, n. 293.

Cette maison, dont les produits ont obtenu une médaille
d'honneur à la dernière exposition, offre cette année une nouvelles sorte appelée *chocolat au moussage* des colonies. Ce nouvel aliment, soumis à l'examen de plusieurs médecins de la fa-
culté de Paris, ayant été reconnu comme très substantiel, a dès
lors été préparé suivant les prescriptions de ces praticiens.
Ce chocolat, que l'on pourrait appeler *philogastrique*, convient surtout aux personnes dont la débilité de l'estomac et la
faiblesse du tempérament leur font un devoir de rechercher

dans leurs aliments les principes les plus nourrissants sous le plus petit volume.

115. — FICHET (César), instituteur, rue Basse-du-Rempart, n. 28.

Ecole théorique et pratique à l'instar de celle de Châlons.

M. César Fichet expose les produits si intéressants de modèles et de dessins de ses élèves, plus un tableau indiquant son changement de domicile, ci-devant rue du Faubourg-Saint-Honoré, 14, maintenant rue Basse-du-Rempart, 28, boulevart des Capucines, presqu'en face de la rue de la Paix.

116. — SCHWICKARDI, ingénieur inventeur breveté des CHARPENTES EN TOLE, à Passy, rue de la Pompe, n. 4, et à Paris, chez M. LETURC, entrepreneur de serrurerie, rue Miromesnil, n. 37.

LES CHARPENTES EN TOLE, dont M. Schwickardi expose quelques solives, ont la force nécessaire pour résister aux charges les plus pesantes. Le génie militaire en a fait plusieurs essais à Vincennes, qui ont donné de bons résultats; elles sont dans certaines circonstances fort économiques, et garantissent de tout incendie.

117. — BROUILLET-CACHELEUX, marchand de jouets, à Paris, rue Saint-Denis, n. 116.

Expose des poupées de son invention, nues et habillées, et plusieurs autres objets en carton, des boîtes à gants, des paniers à ouvrage, etc.

Indépendamment de leurs formes, qui se rapprochent plus du naturel que tout ce qu'on a fait jusqu'à ce jour en ce genre, ces nouvelles poupées offrent aussi plus de légèreté, plus de souplesse, et surtout plus de solidité que les anciennes; elles peuvent se tenir seules sans le secours d'aucuns supports, et ne sont plus exposées à se briser en tombant comme celles d'Allemagne.

118. — DIDIER, médecin-dentiste breveté du roi, à Paris, place du Palais-Royal, n. 225.

Il expose un tableau renfermant des dentiers complets et des pièces partielles faites avec de nouvelles dents minérales par lui perfectionnées, ainsi que plusieurs modèles d'un nouveau porte-empreinte.

119. — LEROY (Alphonse), fabricant de STORES, à Paris, quai Saint-Michel, n. 15.

Honoré d'une mention honorable à l'exposition nationale de 1839, et de médailles d'argent en 1837 et 1841, M. Leroy expose des stores, dont les uns sont de sa composition, et les autres des copies d'après nature.

120. — ZEGELAAR, fabricant de cire à cacheter, à Paris, rue de la Corderie, n. 1, au Marais.

Admis aux expositions nationales de 1834 et 1839, et ayant obtenu une mention honorable à l'exposition de 1839, une médaille d'argent en 1835, et une autre en platine en 1841 de l'Académie de l'industrie; fournisseur breveté de S. M. la reine des Français et de LL. AA. RR. le duc et la duchesse d'Orléans, ainsi que du cabinet du roi et de plusieurs cours étrangères.

Cette fabrique soutient toujours la réputation qu'elle possède depuis deux cents ans pour la fabrication des cires rouge, noire, et de toutes les couleurs; elle est arrivée à les porter au plus haut degré de perfection, et à leur donner un poli ayant l'éclat du vernis le plus brillant.

Pour exemple de la beauté de ses produits, M. Zegelaar expose une montre remplie de cires de luxe et de fantaisie pour les dames, moulées sous toutes les formes les plus nouvelles et les plus recherchées.

121. — PLAULT, fabricant de CHOCOLAT, à Paris, rue de la Chaussée-d'Antin, n. 41.

M. Plault fabrique tout spécialement le chocolat de qualité superfine, dont le prix, chez lui, est pourtant très modéré. Il le glace en outre d'une telle manière, qu'il conserve long-temps son brillant sans se ternir; ce qui le rend très précieux quand on désire en acheter de grandes quantités à la fois.

122. — JACQUAND père et fils, de Lyon, fabricants de CIRAGE, à Lyon, rue de la Reine, n. 43. Entrepôt général à Paris, boulevart des Capucines, n. 23, à l'entresol.

MM. Jacquand père et fils, brevetés d'invention et de perfectionnement pour leur *cirage onctueux* et leur *cirage-vernis,* et pour celui qu'ils nomment *conservateur de la chaussure et des harnais*, ont été honorés, à l'exposition nationale de

1839, d'une médaille de bronze, la seule accordée à cette industrie.

Ces messieurs, indépendamment de la grande quantité de cirage qu'ils livrent au commerce et à l'exportation, fournissent
en outre la majeure partie des régiments de notre armée ; ils le
doivent à la beauté de leur cirage, à sa qualité conservatrice du
cuir, et au bon marché, dû à l'emploi d'une machine à vapeur.

Ils vendent leur cirage onctueux dans des boîtes carrées en
sapin, recouvertes d'une feuille d'étain et de leur étiquette. Il
est en pâte, préparé avec des matières onctueuses, qui donnent
à la chaussure une souplesse vraiment extraordinaire et en augmentent la durée. L'économie de son emploi est remarquable
par la petite quantité nécessaire pour obtenir promptement un
magnifique brillant. Dix centimes de cirage par mois suffisent
pour cirer une paire de souliers deux fois par jour.

La dépense, dans les régiments où il est en usage, ne s'élève
pas au dessus de huit centimes par mois pour chaque homme.

123. — TARD, inventeur breveté d'un systé-
me perfectionné pour la CLARIFICATION des *eaux*,
huiles végétales et *animales*, *vins*, *bières*, *sirops*,
vinaigres, etc., à Paris, quai de Billy, n. 2.

Ce procédé, consistant dans la découverte et la combinaison
d'une nouvelle matière, permet d'employer des couches filtran-
tes de 3 à 6 centimètres au plus d'épaisseur, suivant la nature du
liquide.

Les appareils, d'une petite dimension, peuvent fonctionner
dans les localités les plus restreintes et sous toutes les pressions.

Point de pertes d'imbibition, promptitude d'exécution, produits parfaits, facilité dans le travail et le nettoiement, tels sont
les avantages que présente ce nouveau système de filtration.

124. — LODDÉ, fabricant breveté de PLU-
MEAUX ÉCONOMIQUES, *à tiges en baleines perfectionnées*, à Paris, rue Neuve-Saint-Merry, n. 15.

Cette innovation consiste dans la fabrication de plumeaux au
moyen de plumes montées sur des tiges en baleines, et ce nouveau procédé donne la facilité d'obtenir toutes les dimensions
nécessaires, ce qui fut impossible jusque alors par la raison que
la plume donne en nature beaucoup de petites longueurs, et né-
cessite à la vente des prix plus élevés dans les sortes moyennes,
qui sont toujours très rares. Par ce nouveau moyen, il a l'avantage d'offrir au commerce non seulement toutes les longueurs
désirables, mais aussi une baisse de prix de 25 p. 100.

On trouve dans cette maison un assortiment de plumeaux en
tous genres, et l'on y fait la vente en gros.

125. — CARETTE, tapissier-décorateur breveté d'invention pour les décors d'appartements sur CHASSIS MOBILES, à Paris, rue du Faubourg-Poissonnière, n. 31.

Ces châssis mobiles ont obtenu une mention honorable en 1839, et une médaille de bronze en 1841, à l'exposition de l'Académie de l'industrie ; ils sont inventés pour la *salubrité*, l'*économie* et l'*agrément*.

Sous le rapport de la *salubrité*, ils isolent les papiers et étoffes des murs fraîchement construits, et laissent assez d'espace pour faciliter le desséchement des plâtres, la circulation de l'air derrière les tentures, et préserver ainsi l'appartement de l'humidité.

Comme *économie*, ils permettent, à la fin de la belle saison, quand on quitte les châteaux et les maisons de campagne, d'enlever des murs les tentures, de les mettre au sec pendant l'hiver, et de les reposer à leur place au printemps, sans qu'elles aient éprouvé de détérioration : car, n'étant plus renfermées, pendant les temps humides et pluvieux de l'hiver, dans les appartements des châteaux ou maisons de campagne qui ne sont pas habités pendant cette mauvaise saison, il est facile de les conserver sans qu'ils se pourrissent ou tombent en lambeaux.

Enfin, pour l'*agrément*, au moyen d'une cloison faite avec ces mêmes châssis, on peut transformer à l'improviste une grande pièce en deux, ou établir à volonté des pavillons dans les parcs et jardins.

Ces châssis sont établis avec toute l'économie possible , et ne varient dans leurs prix que selon la dimension ou la richesse des tentures. Divers modèles en petit sont visibles chez l'inventeur, qui confectionne et entreprend tout ce qui est relatif aux ameublements , et fait le loyer des banquettes et décors pour bals, soirées et distributions de prix.

126. — GRÉGOIRE, artiste en faux cheveux implantés, à Paris, rue Vanneau, n. 38, près la rue Babylone, faubourg Saint-Germain, au rez-de-chaussée.

Fabrique lui-même les articles en faux cheveux implantés, et prévient qu'on ne trouvera plus que chez lui ces articles fabriqués par ses mains , et qu'ils ne seront livrés désormais que marqués de son cachet. Ses cachefolies, tours. bandeaux et toupets, sont confectionnés avec le plus grand soin , et sont adaptés sur la tête sans aucun inconvénient selon les habitudes des personnes et de la mode, quelle que soit la longueur des cheveux. Leurs prix sont des plus modérés, et sont toujours en raison de la grandeur des articles dont on peut avoir besoin.

127. — RICHEY, tabletier, fabricant breveté pour une pompe aspirante et foulante adaptée à tous modèles d'encrier, à Paris, rue Phelippeaux, n. 42.

M. Richey se livre particulièrement depuis quelque temps à la fabrication d'encriers à pompe aspirante et foulante, empêchant l'encre de pouvoir former de dépôt, et ayant l'avantage de permettre de nettoyer l'intérieur de l'encrier avec la plus grande facilité. Il établit de ces encriers dans tous les prix, suivant la nouveauté et la richesse des modèles.

128. — MARCELIN, fabricant de BOIS MOSAIQUES, à Paris, petite rue de Reuilly, n. 3, près la rue de Charenton (*médaille de bronze à l'exposition de* 1839).

Tous les produits de cette fabrique ont un cachet d'originalité qui explique la faveur dont ils jouissent. M. Marcelin peut varier son travail du simple au plus compliqué, car il fabrique des meubles mosaïques d'un prix peu supérieur aux beaux meubles ordinaires, et d'autres, au contraire, qui contiennent jusqu'à cinquante mille morceaux de bois sur une superficie de moins d'un mètre carré. Aussi le travail qui en résulte n'est-il pas une imitation de ce qui a été fait jusqu'à ce jour ; mais un produit tout à fait nouveau et d'une richesse remarquable.

M. Marcelin applique les mosaïques en bois aux parquets, aux meubles, aux boiseries, et à toute espèce d'objets de fantaisie ; il entreprend soit pour Paris, soit pour l'étranger, tout ce qui concerne l'ébénisterie. Des parquets qu'il a exécutés pour l'Angleterre, pour l'Allemagne et pour la province, y ont été envoyés et posés avec une facilité qui prouve la précision avec laquelle ils étaient exécutés, bien qu'ils aient été fabriqués sur un simple plan.

Du reste, pour mieux se convaincre de la bonne exécution des produits, les amateurs sont engagés à se rendre à la fabrique.

129. — R. GARNIER, serrurier, fabricant de CRÉMONES, à Paris, rue d'Anjou-Dauphine, n. 20.

Fabrique un nouveau genre de fermeture de croisée dont il est l'inventeur, et qui réunit l'élégance à la solidité. Son prix est le même que celui d'une espagnolette ordinaire, quoique toutes les pièces soient couvertes d'ornements ciselés dans le style renaissance.

130. — PASSERIEUX, fabricant breveté de

cordons conducteurs de la voix, à Paris, rue des Vinaigriers, n. 25.

Expose différents systèmes de porte-voix soit à sonnette, soit à sifflet pour avertissement, au moyen desquels on peut communiquer réciproquement sa pensée ou son commandement à une très grande distance sans sortir de sa chambre, ni même de son lit si on le désire, et de plus sans déranger personne. Ses cordons conducteurs ont été mentionnés honorablement à l'exposition nationale de 1839.

151. — ZAMMARETTI, fabricant breveté de calorifères, à Paris, rue du Vertbois, n. 16.

Fabrique des appareils économiques de chauffage pouvant se chauffer indifféremment au bois, à la houille ou au coke. Parmi ces appareils on remarque : 1° des *calorifères* d'un grand modèle pour chauffer tout un hôtel, et pouvant se nettoyer aisément avec la plus grande promptitude ; 2° des *petits calorifères* portatifs, montés sur galets, afin de permettre de les transporter d'une pièce dans une autre, et dont le prix varie de 25 à 500 francs ; 3° des *calorifères-grilles* pouvant s'adapter dans toutes les cheminées, et offrant l'avantage économique de pouvoir répandre dans les appartements une grande quantité de chaleur.

152. — HATHUTE, *chirurgien-dentiste* de l'état-major de la 1re division militaire, à Paris, galerie Vivienne, n. 13.

Expose des dents à formes naturelles, pour lesquelles il a obtenu *une mention honorable* à la grande exposition de 1839. Sa montre renferme 1° beaucoup de pièces et râteliers artificiels ; 2° des moules de dentitions irrégulières redressées par lui, et des pièces d'anatomie représentant les système vasculaire et nerveux qui se distribuent à la face et aux dents.

153. — DÉSORMES, fabricant breveté de RUCHES NOUVELLES, auteur d'un TRAITÉ SUR LES ABEILLES, à Paris, rue Cloche-Perche, n. 16, près la rue Saint-Antoine.

Expose une RUCHE D'OBSERVATION d'un nouveau genre, une RUCHE PERPÉTUELLE inventée en 1833, et ayant eu l'approbation de l'Académie de l'industrie en 1837. C'est particulièrement en faveur de cette invention que cette société lui a décerné une médaille en argent ; enfin, cette année encore, il expose des ruches d'un nouveau modèle, qui ont obtenu l'assentiment des éleveurs d'abeilles, et celui entre autres de M. le duc de Montmorency, pair de France, président de l'Académie de l'industrie.

134. — BENOIST, *chirurgien-dentiste*, à Paris, rue du Dragon, 37, place de la Croix-Rouge.

Expose un cadre contenant une collection de différentes pièces de dents artificielles servant à la prothèse dentaire, une collection de modèles en plâtre de bouches déviées, les appareils qui ont servi au redressement des dents et plusieurs modèles d'obturateurs.

135. — VILA-KOENIG, opticien de S. M. l'empereur du Brésil et de S. A. R. Mme la princesse Clémentine, fabricant breveté de lorgnettes de spectacle, à Paris, rue des Gravilliers, n. 7.

Fabrique tout spécialement des lorgnettes jumelles appelées *Clémentines*, qui sont d'un nouveau genre, et ont l'avantage, tout en étant d'un très grand diamètre et en ayant un fort grand foyer, de se replier sur elles-mêmes de manière à devenir très portatives.

136. — DARCHE (Veuve), fabricante brevetée d'*appareils de chauffage*, à Paris, rue du Forez, n. 10, près le Temple.

Depuis long-temps connue pour ses *poêles pyrotechniens*, à l'usage des blanchisseuses, chapeliers, tailleurs, teinturiers, limonadiers, épiciers, fruitiers, etc., etc., elle expose :

1º Un poêle pour traiteur ou limonadier, disposé de manière à contenir un réservoir d'eau bouillante de la capacité de quatre seaux; une marmite de quinze à trente livres de viande : un four pour rôtir, de même capacité, et une cheminée à griller des viandes ou poissons; enfin une autre marmite de 5 à 6 kilos, et trois grandes casseroles, plus un grand bain-marie et une poissonnière, le tout marchant par un seul feu : Mme Darche fait de ces poêles dans toutes les dimensions;

2º Un poêle pour chauffer huit fers à repasser, un pot au feu de 4 à 6 livres, et un four pour un rôti de 2 à 10 livres, le tout à circulation et soupape;

3º Un poêle de ménage à foyer mobile, avec circulation supérieure et régulateur et soupape : cet appareil suffit au besoin pour la cuisine de 15 personnes; on y peut faire simultanément avec 25 cent. de bois et à feu direct un pot au feu, un ragoût et un rôti, ou de la pâtisserie; en ajoutant à la marmite et à la bassine deux casseroles de fer-blanc, on obtiendra en plus simultanément deux plats cuits à la vapeur;

4º Un brûloir diviseur pour limonadier ou épicier; ce brûloir a l'avantage de n'avoir pas besoin de force, puisqu'il n'est pas indispensable de l'enlever de dessus son fourneau, les grains se retournant d'eux-mêmes; ainsi donc, un enfant de 10 à 12 ans peut griller une broche de 12 kilos; il y a donc moitié d'économie de temps et de combustible;

5º Un poêle pour chauffer 18 fers, contenant une marmite de 1 à 2 seaux d'eau, dont on obtient l'ébullition très promptement, plus un four à rôtir, où l'on peut mettre une forte dinde, le tout avec circulation et soupape.

157. — BELLOC, fabricant breveté de nouveaux SOUS-PIEDS, à Paris, rue Saint-Denis, n. 376.

Fabrique et expose un nouveau modèle de *sous-pieds* sans cuir ni boutons, que l'on peut quitter et remettre dans huit secondes. Ils sont simples, élégants et commodes; ils se recommandent aux gens de bureau, commis et voyageurs, par la célérité avec laquelle on s'en débarrasse; ils sont propres aux militaires, surtout à la cavalerie, par leur solidité, leur durée et le bon marché auquel M. Belloc les a établis.

158. — LEPERDRIEL, PHARMACIEN breveté, à Paris, rue du Faubourg-Montmartre, n. 78.

Expose des *taffetas rafraîchissant* et *épispastique*, de la *toile vésicante*, des compresses en papier, du linge carboné *désinfectant*, et autres produits, tous approuvés par les plus célèbres médecins de Paris.

159. — DUMOULIN (Mme), fabricante *brevetée* des CORSETS SANS GOUSSETS, à Paris, rue du 29 Juillet, n. 5.

Les CORSETS SANS GOUSSETS inventés et exposés cette année dans l'Orangerie par Mme Dumoulin sont en tout semblables à ceux dont les avantages incontestables lui ont valu en 1840 une grande médaille d'argent.

140. — CAUVARD, fabricant de peignes d'écaille, à Paris, boulevart Bonne-Nouvelle, n. 10, porte Saint-Denis, au rez-de-chaussée, au fond de la cour.

Cette fabrique de peignes de M. Cauvard, qui est à la proximité de toutes les promenades et au centre de Paris, obtint une mention honorable à l'exposition de 1839; elle se recommande par le fini de ses peignes, dont les dents sont très douces quand elles entrent ou qu'elles sortent des cheveux; aussi sa clientèle s'augmente journellement, et elle le met à même de pouvoir se tenir toujours au courant des dernières modes. Cette clientèle s'étend surtout à l'étranger jusqu'à Rio, dans tout le Brésil, l'Amérique du sud, l'Angleterre et l'Italie, où toutes les dames apprécient à juste titre ses produits. Cette maison, qui fabrique, comme on le voit, beaucoup pour l'exportation, se fait remarquer en outre depuis quelque temps par ses brosses à tête et à dents.

141. — GIBUS, chapelier, honoré de diverses médailles d'argent, à Paris, rue Vivienne, n. 20.

Expose des chapeaux mécaniques à 20 et 30 fr.; il croit devoir faire observer que son chapeau de 20 fr. offre un mécanisme privé de tout ressort, et dont les branches brisées ne tiennent que par un anneau qui se trouve fixé dans la coiffe ou garniture mobile, tandis que celui de 30 fr. présente une combinaison de ressorts qui n'a pas le désagrément et le peu de solidité des anneaux de la coiffe mobile; aussi ne faut-il pas confondre ce chapeau de 30 fr. avec celui de 20 fr., que, dans plusieurs magasins de Paris et des départements, l'on vend pour le second.

Il expose en outre un parapluie à canne ayant l'avantage de pouvoir s'ouvrir à volonté sans qu'on ait besoin de le démonter, le tout restant toujours solidaire l'un de l'autre : car, pour l'ouvrir, il suffit d'enlever la pomme de la canne, et d'abaisser les tubes qui forment cette canne, ce qui permet au parapluie de s'ouvrir avec la plus grande facilité; ensuite, pour le fermer, on replie le parapluie et l'on retire les tubes de bas en haut; puis, ce parapluie, qui forme alors une simple canne, présente ainsi tous les avantages qu'on était en droit de demander aux parapluies à canne.

142. — LABRUGUIÈRE, coiffeur, à Paris, rue Saint-Martin, n. 149.

Successeur de M. Mailly, M. Labruguière cherche à se rendre digne de la confiance que son prédécesseur avait si justement su acquérir dans l'art de la coiffure et dans la fabrication de tous les articles qui s'y rattachent.

143. — SINÇAY (Paul de), fabricant de *fonte de fer malléable*, à Paris, rue Fontaine-au-Roi, n. 39.

Cette fonte, par sa malléabilité, est propre aux mêmes usages que le fer et le cuivre; elle se lime facilement, se ploie sous le marteau à froid et à chaud, peut être brazée, aciérée et trempée, reçoit un très beau poli et se cisèle sans difficulté. Elle s'applique avec succès à tous les objets de *serrurerie*, *quincaillerie*, *mécanique*, *armurerie*, *horlogerie*, *objets d'art*, etc., tels que clefs, pênes, cages de serrures, anses de cadenas, fléaux de balances, garnitures de fusils, gardes d'épées, pommes de cannes et de forets, arbres de tours, matrices d'estampes, cuillères, fourchettes, poinçons d'horlogerie, outils divers, statuettes, etc.

144. — VIENNOT, *bijoutier* pour deuil, à Paris, rue Neuve-Bourg-l'Abbé, n. 2.

Ce fabricant, qui a obtenu une mention honorable à l'exposition nationale de 1839, est connu pour le bon goût et la solidité de ses parures pour deuil, composées de jais appliqué sur fer; ses montures sont toujours en raison des exigences de la mode et ses prix très modérés.

145. — BROCCHIERI, inventeur propriétaire de L'EAU HÉMOSTATIQUE et *anti-scorbutique*, à Paris, rue Louis-le-Grand, n. 23.

Les bons effets de cette eau viennent d'être constatés par de nombreuses expériences publiques, faites en présence d'un grand nombre de médecins et de chirurgiens, qui ont acquis la certitude que son emploi *tant intérieur qu'extérieur est sans danger*. Elle s'applique extérieurement au moyen de compresses ou de charpie imbibée pour arrêter les hémorragies des vaisseaux artériels, quel que soit leur calibre ; et au moyen de son action sur la fibrine du sang il se forme une nouvelle organisation des tissus, auss solide, aussi compacte, aussi capable de résister aux chocs et aux accidents de toute espèce, que l'organisation primitive et normale. Voir les pièces pathologiques déposées chez M. Rousseau, chef des travaux anatomiques au cabinet du Jardin du Roi.

La manière instantanée dont cette eau agit comme hémostatique sur les tissus et les vaisseaux *artériels* coupés ou déchirés a donné la conviction à un grand nombre de médecins et d'autres personnes cultivant les sciences qu'elle produit un changement dans l'état du sang ; et il ne reste plus de doute que, comme altératif aussi bien que comme dépuratif, la science jusqu'à ce jour n'avait rien possédé de pareil.

Les limites étroites de cette notice permettent seulement de constater qu'il est des faits acquis à la science par de nombreuses expériences faites sur des animaux, aussi bien que par la grande quantité de guérisons obtenues au moyen de cette eau; il faut donc se borner à appeler l'attention du public sur les résultats de ces expériences et des traitements pratiqués, lesquels ont fait disparaître les symptômes graves de maladies de la poitrine et d'autres affections analogues. Il est impossible, une fois que la connaissance de ces divers faits sera acquise, qu'on n'arrive pas à être convaincu de ceci : que l'action de l'eau Brocchieri se porte spécialement sur le sang, et sur les sécrétions qui en proviennent ; et, sans entrer dans une analyse des différentes matières qui composent ce principe de la vie, il sera facile à chacun de constater que, par suite de l'usage de l'eau Brocchieri, un sang altéré ou vicié reprend ses qualités normales et se trouve ramené à cet état plastique qui convient à l'entretien de la santé dans toute l'économie animale.

Voici un passage d'un rapport lu à la séance de la société de médecine de Paris du 5 décembre 1839, et présidée par M. le docteur Fouquier, au nom d'une commission composée de MM. Puzin, Rousseau, Léger, Parent, Chesneau, Guersant, Duhamel, Muret, Pertuis, Delaborde, Serrurier, Sterlin et Nauche. « Les commissaires examinèrent d'abord la liqueur, qui ne leur présenta au goût ni à l'odorat rien de styptique qui puisse donner à croire qu'elle agit comme moyen astringent. Quelques questions furent ensuite adressées à M. Brocchieri, qui y répondit avec beaucoup d'obligeance. Ses réponses furent confirmées par les expériences. » Enfin, dit le rapport, « le succès a été complet. Le tampon, maintenu sur la carotide ouverte, a été retiré dans le court espace de vingt minutes, avec précaution. A peine est-il taché par le sang, tous les assistants peuvent s'assurer que le travail opéré sur le vaisseau artériel est complet : on remarque avec autant de satisfaction que d'étonnement que l'infiltration, suite de la compression (exercée par le docteur Guersant sur plusieurs animaux dans les expériences comparatives qu'il crut devoir tenter, mais qui n'eurent aucun succès), avait disparu depuis l'emploi de l'hémostatisant (eau Brocchieri). Dans les expériences comparatives, les animaux sur lesquels on pratiqua même la ligature succombèrent. Un soldat vient de mourir à Oran, d'une hémorragie à la suite de la ligature. (Voir la *Gazette des Hôpitaux*, 1er février 1842.) On publiera incessamment une brochure pour prouver l'influence directe de son eau sur la réorganisation instantanée des vaisseaux ouverts, coupés ou déchirés, même avec perte de substance. »

146. — CHOMEAU, fabricant de chocolat, à Paris, rue Quincampoix, n. 63, passage Beaufort, en face de celui Molière.

Ce fabricant, honoré de plusieurs médailles en bronze et en argent en 1839 et en 1841, est l'inventeur d'une machine à chocolat, dont la perfection lui permet de toujours donner le plus haut degré de qualité à ses divers produits.

147. — RAYNAL, bandagiste-mécanicien, inventeur breveté d'un LIT NOUVEAU appelé *Lit Raynal*, à Paris, rue Saint-Denis, n. 388, entrée par la rue Neuve-Saint-Denis, n. 42.

Expose un lit nouveau qu'il appelle *lit Raynal*, et comme convenant tout spécialement à la santé et à la propreté. Il est construit de manière que ce lit, au besoin, peut en former deux entièrement distincts l'un de l'autre, de sorte qu'ils peuvent être transportés dans deux pièces séparées. Ce lit, en outre, offre dans des tiroirs tout ce qui peut être utile à la toilette et à la propreté.

148.—JACQUINET (successeur de GRAUX), fabricant breveté pour appareils de chauffage, et inventeur des cheminées à foyer mobile avec régulateur, à Paris, rue Grange-Batelière, n. 18 et 20.

Ses cheminées à charbon de terre, ses calorifères portatifs, ses cheminées tournantes, son chauffe-assiette et ses cheminées à foyer mobile, ont une si grande réputation, qu'on ne peut se borner qu'à recommander ses produits, dont la fabrication a été récompensée d'une médaille d'or.

149. — PONCY, DEMESSE et Cᵉ, fabricants brevetés de SELLERIE ET DE CHAUSSURES, à Paris, rue du Gazomètre, n. 5, place Lafayette.

La sellerie pour l'exportation doit être établie avec du cuir le plus blanc possible, et corroyé de manière à ce qu'il ne change pas dans les longues traversées d'outre-mer ou pendant le séjour en magasin. On trouve cette qualité autant qu'on peut la désirer dans le cuir qui est préparé par MM. Poncy, Demesse et Cᵉ. Ce cuir a de plus, comme tous les objets très blancs, la propriété d'absorber à un moindre degré les rayons du soleil ; enfin il a l'avantage de pouvoir se nettoyer facilement.

Ces messieurs établissent eux-mêmes tous les cuirs qui servent à la fabrication de la chaussure pour homme et pour femme ; en sorte que, s'ils donnent à meilleur marché, la différence de prix ne provient pas de ce que les qualités seraient moins bonnes ; ils peuvent toujours, au contraire, garantir la supériorité du cuir qu'ils emploient.

La France rivalise maintenant avantageusement avec l'Angleterre sur les marchés d'outre-mer, n'ayant plus rien à redouter du prix et de la beauté des cuirs anglais.

150. — PROVOST, fabricant de FONTE MALLÉABLE, à Paris, rue Ménilmontant, n. 50.

Par des procédés particuliers d'affinage, la fonte est convertie en fer plus doux et plus malléable que le fer forgé, elle est employée avec succès pour la mecanique, dans les articles de quincaillerie, de serrurerie, sellerie, taillanderie, batterie de cuisine, couverts en fer étamés et plaqués, objets d'art, bustes, etc., tout ce qui s'exécute en fer, cuivre et acier.

Cette fonte, à laquelle une médaille d'or fut accordée en 1840, offre l'avantage inappréciable de pouvoir être forgée, soudée et trempée.

Le prix des articles courants est de 1 fr. 50 cent. le kilogramme.

M. Provost fabrique également des *crémones parisiennes* depuis 4 jusqu'à 50 fr. la pièce,

Ainsi que de nouvelles **ROULETTES** pour meubles.

151. — BERTRAND (J.-J.), fabricant breveté d'invention des COQUETIERS CALORIFÈRES, à Paris, rue du Ponceau, n. 2.

Ce petit meuble, qui permet de faire cuire des œufs à la coque sur la table, soi-même et en trois minutes, offre l'avantage d'être de la plus grande propreté; les doigts ne peuvent plue se salir, et l'on fait cuire soi-même son œuf au degré qu'on désire, ce qu'il est toujours facile de reconnaître avec ce nouveau coquetier, et ce qu'il était si difficile d'obtenir auparavant même avec les cuisinières les plus soigneuses; c'est donc un meuble qu'il importe d'avoir dans tous les grands comme dans les plus petits ménages : car, dans ces derniers, ainsi que chez les célibataires, où pendant l'été le feu est assez rare, on peut, pour un centime au plus d'esprit de vin, manger des œufs frais, et certes le chauffage de l'eau bouillante, utile en pareille circonstance, coûterait même avec la plus stricte économie un prix bien plus élevé.

152. — SÉGUIN, sculpteur-marbrier, inventeur breveté de *sculpture à la mécanique*, à Paris, rue d'Assas, n. 12.

Déjà, depuis plusieurs années, l'on a souvent essayé de sculpter à la mécanique; mais les uns n'ont fait que de mettre au point des ébauches que la main de l'artiste est obligée de terminer, ou quelques uns n'ont fait que des réductions sur des matières tendres, ou bien enfin d'autres se sont servis du tour à portraits, dont les produits, quoique admirables par leur grande précision, reviennent à des prix trop élevés pour être généralisés; aujourd'hui M. Séguin se présente au contraire avec un moyen mécanique qui lui permet d'exécuter avec autant de précision que par le tour à portraits des sculptures pour ronde-bosse, bas-reliefs et ornements, moulures droites ou circulaires, lettres gravées en creux ou en relief, et mosaïques sur marbre, pierre, et autres matières dures.

153. — P. ROHAULT et MUZARD, fabricants du SIÉGE FILLIOL breveté, à Paris, rue du Faubourg-Saint-Honoré, n. 128.

Les appareils fabriqués dans cette maison se distinguent essentiellement en ce qu'ils sont dégagés de TOUS SOINS, de *toute attention* et *de tout mouvement manuel*, leur marche s'accomplissant d'elle-même par un mécanisme simple, puissant, et nullement sujet à réparations.

Ces avantages ont été fort judicieusement signalés par M. Gourlier, dans un rapport qu'il a fait à la société d'encouragement le 6 mai 1840, ce qui a valu à M. Filliol une mention honorable en 1841.

154. A. LACHAVE, inventeur breveté des tablettes transparentes en cristal ou ardoises pour montrer à écrire, à Paris, rue Fontaine-Saint-Georges, n. 11.

A. Lachave, ex-instituteur du prince Eugène de Savoie-Carignan, a imaginé des tablettes de cristal ou ardoises transparenrentes, d'un blanc de porcelaine et de toutes couleurs, qui servent à l'éducation élémentaire des jeunes enfants, jusqu'à ce qu'ils puissent écrire avec fruit sur le papier. Cette ingénieuse invention a été honoré dès son apparition du suffrage et de l'approbation de toutes les maisons d'éducation qui vont au collége Bourbon, où elle a été aussitôt mise en pratique; les succès obtenus la recommandent aux mères de famille et aux instituteurs. La tablette renferme une méthode d'écriture graduée; un crayon spécial favorise les progrès de cet art si difficile pour les jeunes mains : on évite par ce procédé les taches d'encre et les accidents qu'occasionne l'usage des plumes. La blancheur, la transparance, la douceur et le beau noir du crayon, rendent l'usage de cette tablette préférable à toute sorte de papier, et surtout à l'ardoise grise, si nuisible par l'âpreté de son crayon, qu'on ne peut tailler. On peut varier tous les exercices du jeune âge par le dessin, la géographie, l'arithmétique, le calcul, la musique écrite, le coloris des fleurs, des oiseaux, etc.; c'est le trésor des enfants. Elle est aussi fort utile aux bureaux, aux comptoirs, aux cours publics, etc.

155. — FRANCHOT, ingénieur-mécanicien, à Paris, rue des Magasins, n. 15.

ʳ Vient d'imaginer, par suite du déplorable événement du 8 mai dernier, un *pare-à-choc* à losanges articulés, propre à amortir les chocs sur les chemins de fer, appareil dont le modèle exposé est construit à l'échelle de un dixième.

Cet appareil, placé entre le tender et le convoi des voyageurs, occupe 12 mètres de longueur; il peut, par suite d'un arrêt subit de la locomotive, se réduire à 3 mètres, et arrêter 12 wagons lancés à la vitesse de 10 mètres par seconde, sans faire supporter au wagon de tête une pression supérieure à 35 mille kilogrammes.

156. — COSSON, fabricant de BILLARDS et *fournisseur du roi*, à Paris, rue Grange-aux-Belles, n. 20 bis.

Ce fabricant, auquel on a accordé une mention honorable à l'exposition nationale de 1839, se livre à la fabrication non seulement des billards ordinaires, mais à celle des billards de luxe.
Il expose un petit BILLARD enrichi d'incrustations de la plus grande beauté.

157. — BOULANGER, fabricant de *cirage*, à Paris, rue du Bac, n. 73.

Expose cette année un cirage vernis pour bottes et souliers d'hommes; il est de la plus grande beauté, et ne laisse rien à désirer.

Ce vernis convient également pour la chaussure des dames, et rend au maroquin son état primitif; il expose un cirage anglais superfin inimitable et un cirage imperméable pour les harnais.

158. — DEVISME, armurier breveté, à Paris, rue du Helder, n. 12, et au 1ᵉʳ juillet, même rue, n. 2, au coin du boulevart.

Les armes de ce fabricant, sur lesquelles un rapport des plus favorables a été fait par M. le général baron Juchereau de Saint-Denys, et qui a obtenu à la dernière exposition une médaille d'argent, l'ont placé au premier rang de nos meilleurs armuriers : le beau fini des armes qu'il expose prouve qu'il ne reste pas en arrière des progrès que peut encore faire l'industrie des armes à feu.

Il expose sous les numéros suivants :
1. Un fusil damasquiné en or, du prix de . . . . . 1,500 fr.

2. Un fusil de tir à pigeons, calibre 8. 700
3. Un fusil bois de frêne. 650
4. Un fusil bois noir, canons damas. 800
5. Un fusil beau noyer, noms riches incrustés en gothique 800
6. Un fusil, canon incrusté en or, bois sculpté. . . 900
7, 8, 9. Trois fusils modèle anglais, à 600 fr. . . 1,800
10. Un fusil se chargeant par la culasse avec cartouches amorcées. 600
11. Un fusil à huit coups sans platines, canons tournants, les coups partant séparément. 600
12. Un fusil à six coups à un seul canon, les coups partant à volonté, J. Devisme. 600
13. Un pistolet tournant à cinq coups. 400
14. Un pistolet tournant à huit coups. 200

159. — CUEILLENS, propriétaire breveté de l'*elixir snellieuc*, à Paris, rue Saint Jean-de-Beauvais, n. 4.

§ Suivant M. Cueillens, la recette de l'*élixir snellieuc* a dû appartenir au grand kalifat de Meniamer, chimiste de Mir; et depuis son retour d'Afrique, d'où il a rapporté cette recette, il a su, au moyen de plantes recueillies à Merjez-Amar et aux ruines d'Hippone, recomposer en France cet élixir, dont les Circassiennes, dit-on, font usage pour obtenir la brillante blancheur de leur peau. Son parfum est des plus suaves, et il paraît destiné à conserver la fraîcheur et à faire disparaître les rides, les boutons et les rousseurs de la peau, à faire cesser les maux de tête et à cicatriser les coupures.

160. — MONTIGNAC, fabricant d'INSTRUMENTS DE PÊCHE, à Paris, rue Saint-Honoré, n. 414.

Expose des LIGNES du plus beau fini, des *cannes et piquets mécaniques* pour la pêche à la ligne, et divers filets rendus imperméables, très solides en même temps que fort légers.

161. — VILLETTE, compagnie DES POMPES HYDRAULIQUES FRANÇAISES, sous la raison sociale *Villette et Cᵉ*, établie à Paris, rue de Ménilmontant, n. 28, l'entrée par le quai Valmy, n. 59.

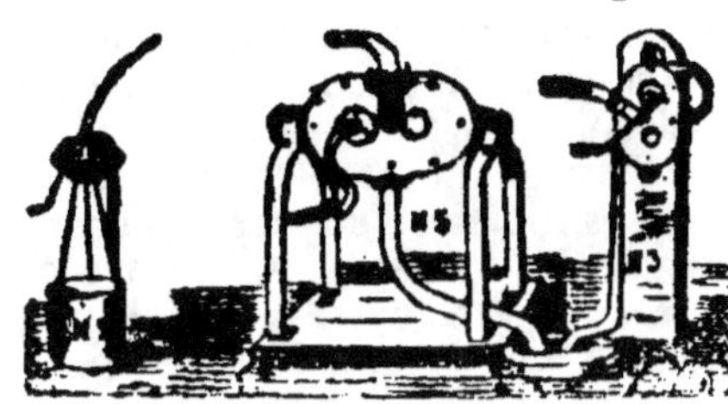

Pompe rotative aspirante et foulante, à jet continu, par brevets d'invention et de perfectionnement.

Economie de 60 à 80 pour 100 sur les prix ordinaires de toutes les pompes connues.

Depuis nombre d'années, beaucoup de pompes ont été établies ; mais aucune n'a présenté les avantages voulus. Toutes, en général, pèchent par le défaut de solidité, la complication du mécanisme, les nombreux frottements qui nécessitent des réparations multipliées, enfin par l'excessive élévation du prix.

L'on attendait une pompe simple, solide, presque exempte d'entretien, pouvant servir à tous les usages, se placer facilement dans tous les endroits, et qui fût d'un prix modéré. Après plusieurs années de recherche, les inventeurs sont parvenus à résoudre ce problème au moyen d'une pompe rotative aspirante et foulante, d'un effet puissant et d'une solidité à toute épreuve.

Cette pompe est applicable à tous les usages domestiques, agricoles et manufacturiers. Elle sert pour les raffineries de sucre, les épurations d'huiles, les machines à vapeur ; elle remplace aussi avec avantage les pompes employées pour la marine et contre les incendies, et elle peut conduire l'eau dans les endroits les plus élevés

Ses principaux avantages sont : un mécanisme simple, durable et solide, puisque la pompe, fixée seulement avec deux vis, peut être posée par le premier ouvrier venu dans l'espace d'un quart d'heure ; d'être exempte de bruit, de donner un *jet continu*, d'aspirer et de projeter à une grande hauteur un volume d'eau considérable. Sa forme est gracieuse ; son poids extrêmement léger, comparativement aux autres pompes connues, puisqu'il varie depuis 11 jusqu'à 200 kilogrammes, suivant le volume d'eau désiré. Un enfant de huit ans, avec le nº 1, peut donner 1200 litres d'eau à l'heure, l'élever à plus de 20 mètres, et la lancer à plus de 15 mètres, résultats admirables pour l'arrosement des jardins.

Elle n'a point l'inconvénient, si dangereux pour les machines à vapeur, de s'arrêter immédiatement par l'introduction de corps étrangers, tels que la paille, les éclats de bois et autres ingrédients, puisque rien ne peut s'opposer à sa marche, une fois mise en mouvement.

Elle est la seule qui ait pu être adoptée par un grand nombre de raffineries et de papeteries, où une expérience de plusieurs années a confirmé toutes les prévisions.

La marine royale vient d'en faire l'application sur des bâtiments de l'état pour l'épuisement de la cale, et de l'adopter pour le service intérieur de ses arsenaux; les propriétaires de mines s'en servent aussi comme moyen d'épuisement; enfin les maraîchers ou jardiniers, pour lesquels l'eau est une nécessité, malgré qu'ils soient prévenus contre les changements, renoncent successivement, depuis les pompes hydrauliques françaises, à celles dont ils se servaient. Tous aujourd'hui emploient les nouvelles pompes, et y adaptent des manéges simples et solides, qui sont aussi une création de l'établissement. Ces manéges, qui sont placés sous terre, dans un espace de 3 à 4 mètres carrés, remplacent les hideuses machines qui occupaient un terrain vaste et précieux.

MM. VILLETTE et Cᵉ feront conduire les amateurs dans les établissements, où ils verront fonctionner ces pompes montées avec de pareils manéges.

TARIF DES PRIX.

Numéros des POMPES	NOMBRE de litres A L'HEURE.	NOMBRE de révolutions par minute.	DIAMÈTRE des TUYAUX.	Prix des corps DE POMPES, non compris les brides.	POIDS DES POMPES en kilog.
1	12 à 1500	60 à 70	20 millim.	80	11
2	15 à 1800	» à »	27 »	100	13
3	2000 à 2500	» à »	34 »	140	21
4	3000 à 3500	» à »	40 »	170	26
5	3500 à 4000	» à »	48 »	200	40
6	5000 à 6000	» à »	54 »	300	52
7	16 à 18000	» à »	80 »	600	115
8	25 à 30000	» à »	108 »	960	195
POMPES A INCENDIE SANS ACCESSOIRES.					
5	3500	60 à 70	40 »	750	
6	5500	60 à 70	48 »	900	

Observations.

Toutes ces pompes sont garanties pendant une année de tous vices de construction; quant aux défauts ou inconvénients provenant de la pose des pompes ou des manéges pour les mettre en mouvement, la société n'en est garante pendant le même temps que lorsque cette pose aura été faite par des ouvriers de l'administration.

Les tuyaux, brides, volants, clapets et tous autres accessoires, ainsi que la pose, sont en sus des prix désignés.

Les ventes ne se font qu'au comptant, et les frais d'emballage et de transport sont à la charge de l'acquéreur.

S'adresser, pour les commandes, à Paris, à M. VILLETTE et Ce, au siége de la Société, rue Ménilmontant, 28, l'entrée par le quai de Valmy, n. 59.

NOTA. On ne recevra que les lettres affranchies.

162. -- VOLKERT, fabricant de marqueterie, à Paris, rue du Faubourg-Saint-Antoine, n. 81.

Les meubles en marqueterie, qui furent si long-temps abandonnés, reviennent peu à peu à la mode. C'est à ce genre de travail tout spécial que se livre M. Volkert, qui se fait surtout remarquer par les bouquets et les guirlandes de fleurs en bois de couleur, qu'il est arrivé à incruster avec une grande perfection dans d'autres bois de couleur différente. Le cadre exposé montre tout le parti que l'ébénisterie pourrait aujourd'hui retirer d'un genre de marqueterie fait purement et avec bon goût.

163. — POULET, fabricant de *plomb filé et d'étiquettes en plomb*, à Paris, rue Fontaine-au-Roi, n. 16, faubourg du Temple.

Fabrique tout spécialement et expose divers échantillons de plomb filé pour remplacer le jonc, l'osier et le fil de fer, dans le palissage des plantes et des arbres ; il fait aussi des étiquettes en plomb et en zinc.

164. — Ch. CHAUMÉ, ingénieur civil, à Paris, petite rue Saint-Pierre, n. 28, boulevart Beaumarchais.

Expose trois cadres de dessins.

Dans les deux plus grands sont simulées des fabriques de sucre réunissant les appareils les meilleurs.

Dans le plus petit est le plan d'une machine calori-hydraulique.

Usine n° 1. — Elle contient un système complet de fabrication à vases fermés et à privation d'air par des aspirateurs mis en mouvement soit à bras d'hommes, soit par tels autres moteurs mécaniques, M. Chaumé ayant imaginé ces procédés dans l'intérêt des colonies.

Usine n° 2. — Elle renferme les filtres Dumont pour l'emploi du noir en grains ;

La chaudière Pelletan et Delabarre, dans laquelle on évapore au moins 30 litres d'eau par chaque kilogramme de combustible ;

Le système à écraser les cannes par trois cylindres placés horizontalement, moyen substitué maintenant aux anciens rouleaux verticaux ;

L'appareil à trancher et à dessécher les cannes destinées à être transportées en Europe ;

Un nouveau système de M. Chaumé pour écraser les cannes et en retirer le plus de jus possible. Il est composé de deux rouleaux aplatisseurs mobiles et de quatre cylindres broyeurs ; il est terminé par un *hache-bagasse*, lequel met la canne broyée en état de céder ensuite par un lavage le sucre qu'elle a encore retenu.

Usine n° 5. — On y voit deux chaudières à déféquer et à clarifier. Elles sont composées de trois parties : le manchon, le fond, lesquels sont en cuivre, et un double fond qui est en fonte. Dans l'une il y a un serpentin pour augmenter la chauffe. Entre elles on a placé un groupe de filtres pouvant travailler soit au gros noir, soit au noir fin ;

Quelques unes des cuves dont se compose un système de macération à froid, mais mieux à haute température, soit pour les betteraves, soit pour les cannes fraîches ou desséchées ;

Les colonnes évaporatoires de Martin et Champenois ;

La chaudière Pean : elle est en plan incliné, et le liquide à concentrer y coule en couches minces ;

Ces deux systèmes travaillent à air libre ;

L'appareil à concentrer dans le vide, système Degrand et Desrosnes, avec condensateur à air libre, pompe aspirante et une jolie machine à vapeur ;

Un générateur de vapeur à bouilleurs horizontaux.

Usine n° 4. — On voit deux chaudières à déféquer et à clarifier ; le fond de l'une est sphéroïde, et le moyen de chauffage consiste dans un serpentin.

L'autre est faite de même ; elle contient également un serpentin, mais elle a en outre une demi-enveloppe dans laquelle on introduit de la vapeur.

Usine n° 5. — Elle occupe tout le 2e grand cadre. On y voit réunis presque tous les appareils choisis parmi les meilleurs connus pour la fabrication et le raffinage du sucre soit de betteraves, soit des colonies.

Dans l'étage souterrain on voit à main gauche un appareil à blanchir les sucres au bac ou dans des formes, et aussi à dessécher les pains ; il opère par l'action d'un vide que l'on gradue suivant le besoin ;

Trois générateurs de vapeur ;

Un système de purgation des sucres bruts, placés sur un plancher percé, au dessous duquel existent des gouttières et des tuyaux chauffants. Le plancher est élevé à 80 centimètres du sol, afin qu'un homme puisse s'y introduire et visiter le travail des formes sans déplacement.

Enfin on observe la machine rotative si simple et si pleine d'avenir de MM. Pelletan et Delabarre ; elle fait ici monter l'eau d'un puits et l'introduit dans l'enveloppe des tuyaux condensateurs de leur appareil à concentrer dans le vide.

Rez-de-chaussée. A gauche on voit l'exhaurisuc Chaumé, qui a été exposé l'année dernière. Il a pour objet l'enlèvement, par un minimum d'eau froide ou chaude, et en trois minutes, de toute la matière saccarine contenue dans un végétal.

L'appareil du même ingénieur, composé de plusieurs vases clos placés au dessus les uns des autres, et renfermant des plans inclinés sur lesquels les liquides coulent en couches minces, mais à l'abri du contact de l'air ; ce procédé donnant d'énormes économies de combustible, des sirops magnifiques et cristallisant presque entièrement, après avoir été cuits également à privation d'air.

Au bas de l'appareil existent deux monte-liquides à vapeur et air, de MM. Pelletan et Delabarre.

Au milieu on voit le moteur Chaumé calori-hydraulique dont le dessin plus détaillé existe dans le 5e cadre.

A droite sont les filtres à colonnes dans lesquels on économise au moins un tiers de noir en grains.

Puis vient l'appareil si peu coûteux, si simple et si bon, de MM. Pelletan et Delabarre pour concentrer les sirops. Le vide y est fait à l'aide d'un jet de vapeur, et il y est entretenu par la condensation opérée par une petite quantité d'eau qui peut être refroidie au besoin, et dont l'action est aidée au moyen d'une chute artificielle.

A l'étage au dessus on voit à gauche une étuve chauffée et purgée des gaz qu'elle contient par l'action d'un courant de vapeur combiné de façon à ce qu'il ne soit jamais nécessaire d'ouvrir d'éventaux; procédé qui a plusieurs avantages importants, et qui est applicable à toute espèce de ventilation.

A côté sont deux chaudières à déféquer, dont l'une est à serpentin seulement, et l'autre à serpentin et à double fond.

Au milieu existe une grande chambre chauffée par le passage d'une cheminée; des filtres à noir fin y sont en grand nombre, ce système étant ce qu'il y a de mieux sous divers rapports importants.

A droite se voit le système Chaumé pour clarifier à vase clos et à basse température, lequel est le complément indispensable du raffinage du sucre dans le vide. Près de là est un fourneau à gaz carbonique pour la neutralisation des sirops trop alcalins.

Au dernier étage est un grenier en lits de pains; système excellent inventé par M. Leroux-Duffié.

Au dessus existe un rail-way suspendu pour le transport rapide des pains de sucre, lesquels sont montés à l'aide d'une chaîne à crochets.

5e CADRE. — Il renferme le dessin, aux dimensions d'un cinquantième, d'une machine que M. Chaumé nomme calori-hydraulique, parce qu'elle fonctionne avec de l'eau très chaude.

Celle-ci est de la force de dix chevaux, elle consiste dans une roue à augets ayant environ 2 mètres 80 centimètres de diamètre, recevant 200 litres d'eau par seconde. L'eau contenue dans un réservoir supérieur est reçue dans un autre qui est au dessous de la roue, puis elle est relevée par deux grands tonneaux opérant alternativement par la puissance d'un courant de vapeur mêlé à environ neuf dixièmes d'air chaud pris dans le bas de la cheminée du fourneau du générateur.

Cette machine, qui peut être placée sur un chariot afin d'être transportée, ne dépense que deux kilogrammes de combustible par force de cheval et par heure. Comme elle est très simple et peu coûteuse à établir, elle est de la plus haute importance pour une foule d'industries.

Il en existe une en fonctions chez M. Moulfarine, ingénieur-mécanicien, rue Ménilmontant, 62, à Paris.

165. — BON, joaillier-bijoutier, fabricant de PIERRES FAUSSES, à Paris, fabrique rue Vaucanson, n. 4, et ses maisons de détail sont rue Castiglione, n. 2, rue de la Paix, n. 19, et passage des Panoramas, n. 49.

Fabrique et expose divers objets montés avec des pierres fausses imitant le diamant ou autres pierres fines. Ses imitations, qui lui ont valu une médaille d'argent à l'exposition nationale de 1839, se font particulièrement remarquer par le brillant magnifique, la pureté, la limpidité, la taille des pierres, et par l'élégance des montures; aussi les dames du plus haut rang et de tous les pays se font-elles actuellement un plaisir d'enrichir leurs parures des imitations de cette maison, et de les faire concourir avec les plus belles pierres fines de l'Orient.

166. — CLACHET, LAMPISTE, breveté, fournisseur de l'administration générale des postes, à Paris, rue Dauphine, n. 7, au premier.

Ce fabricant a été breveté pour la *lampe à spirale*. Cette lampe, dont le service est très simple et très facile, à l'avantage de n'être sujette à aucun dégorgement. Elle est à niveau constant; elle n'a ni bouchon *rodé*, ni bouteille qu'on soit obligé de renverser, avantage très précieux sur les grandes lampes à plusieurs becs. Les prix en sont très modérés.

Le même fabricant est l'inventeur d'un nouveau système de becs ayant le grand avantage d'éclairer comme les lampes Carcel, en laissant 6 lignes de mèche blanche, ne charbonnant jamais, et lui permettant de fabriquer des lampes de travail et d'escalier d'un très bas prix, donnant la lumière de quatre chandelles, et brûlant à blanc, tout en ne consommant que trois gros d'huile par heure.

M. Clachet fabrique aussi des lampes façon Carcel ou mécaniques. Ce nouveau mouvement, qui a une fermeture métallique et facile, évite les fuites qu'on apercevait si souvent dans les anciennes lampes fermées avec de la cire, surtout quand elles étaient exposées à la chaleur; de plus les poches ou soufflets de la pompe s'adaptent à volonté au moyen d'un petit anneau de cuivre. Il est également l'inventeur de réflecteurs pouvant éclairer le cadran des horloges des villes, sans crainte des plus grands vents, et de celui des pendules de chambres à coucher sans laisser la lumière pénétrer dans l'appartement. Tous les soirs, on peut voir fonctionner ses lampes au Palais-Royal, café de la Rotonde, et ses réflecteurs éclairent les cadrans de l'Hôtel des postes et du Palais de la chambre des pairs. On trouve enfin chez lui tout ce qui tient à l'éclairage des lampes, ainsi que plusieurs genres d'appareils économiques à l'esprit-de-vin.

167. — DELICOURT, fabricant de PAPIER PEINT, à Paris, rue de Charenton, n. 125 *ter*.

Ce fabricant, dont la juste réputation est aujourd'hui si incontestablement établie, expose une tenture à figures représentant les *cinq sens*, le tout colorié et orné de fleurs. C'est assurement ce que l'on a fait de plus fini jusqu'à ce jour.

168. — DEDÉ, fabricant de *papier végétal* perfectionné pour calques et décalques, à Paris, rue Notre-Dame-des-Champs, n. 46.

Ce papier à décalquer est supérieur au papier végétal ordinaire, parce que sa qualité éminemment hydrofuge le rend plus propre au lavis ou à la peinture. Il ne se grippe pas, et n'est susceptible d'aucun retrait par l'effet de la dessiccation, ni d'extension par celui de l'humidité, en sorte qu'il possède cette qualité si essentielle de conserver le dessin géométriquement conforme à l'original, et de le transmettre au décalque sans aucune variation; avantages très grands pour MM. les ingénieurs et artistes, qui savent très bien ne pouvoir pas les trouver dans le papier végétal ordinaire, dont les inconvénients font commettre trop souvent de graves erreurs. Le papier de M. Dedé est donc destiné à leur être de la plus grande utilité.

169. — AMIOT, parfumeur, inventeur breveté de l'ACTIF NETTOYEUR, à Chartres, rue des Changes, place Belliard, n. 44, et rue des Trois-Maillets ; associé pour l'exploitation de cette

nouvelle brosse à peignes avec M. Maillet, à Paris, passage Vérot-Dodat, n. 22.

La nouvelle brosse à peignes inventée par M. Amiot, et qu'il nomme *actif nettoyeur*, a l'avantage de nettoyer un peigne en moins d'un quart de minute; aussi ce véritable avantage rend ce petit meuble indispensable à tout le monde.

M. Amiot a de plus inventé une petite machine à vapeur au moyen de laquelle il amène à friser avec la plus grande promptitude les cheveux les plus longs, qui tiennent alors la frisure après cette opération plus de deux mois sans la laisser tomber.

170. — PENANT-GODARD, fabricant de *café aromatherme*, à Paris, rue de l'Arbre-Sec, n. 60, près la rue Saint-Honoré.

Le café aromatherme, préparé à l'air chaud, n'est point affaibli par l'évaporation. Il conserve entièrement son arome, qui, grâce au procédé de concentration de M. Penant, joint un tiers en plus de force à un parfum délicat, que n'a point altéré l'action chimique des fourneaux, dont le résultat ordinaire est l'amertume et l'âcreté.

Dégusté par des chimistes et des médecins distingués, il a été jugé infiniment supérieur à tous ceux préparés jusqu'à jour.

Ce café, ne contractant aucuns des principes irritants qui résultent des appareils ordinaires, est aussi bienfaisant qu'agréable et sans aucun danger pour les personnes nerveuses.

Employé de préférence dans un filtre de porcelaine ou de terre de Sarguemines, il donne une liqueur délicieuse et limpide, à laquelle on ne saurait comparer les essais de quelques confrères, jaloux de l'invention de l'Aromatherme.

Ce café est confectionné de manière à posséder deux qualités différentes, qui le rendent tout spécialement propre à prendre ou avec du lait, ou, suivant le désir, simplement à l'eau.

171. — ALAIS, *sculpteur-mouleur*, à Paris, boulevart des Italiens, n. 2.

Fabrique avec le plâtre toute espèce de statues, statuettes, ornements ou trophées, et surtout les vieilles armures, qu'il imite d'après les modèles qu'on désire voir renouveler, et il leur donne à l'extérieur une couleur de bronze ou de fer aussi vraie que celle naturelle.

172. — MORISOT, fabricant de MOULURES *en bois verni*, à Paris, rue du Val-Sainte-Catherine,

ou ancienne rue de l'Egout, n. 16, au coin de la rue Saint-Louis, au Marais.

Fabrique par des procédés mécaniques des moulures et baguettes en bois de couleur verni pour cadre de portes, pour encadrement des tentures en papier, pour cimaises, corniches et chambranles de tous les profils. Ces moulures réunissent l'économie à une grande perfection d'exécution.

173. — MILLOT, inventeur breveté du BUSC MILLOT, fabricant de corsets en tous genres et de jupes à tournures ; au corset doré, à Paris, rue Neuve-des-Petits-Champs, n. 77 (même maison au Havre).

Seul propriétaire des corsets et des buscs Millot, avec lesquels on peut se desserrer par la pression d'un bouton qui se sent à travers la robe sans cesser de rester bien corsé on peut se mettre à son aise aussitôt que l'on se sent gêné sans que personne s'en aperçoive. Le soir, en poussant un ressort, on est délacé aussi promptement que la pensée. En cas de besoin, il facilite pour se lacer seule le matin. La maison Millot offre toutes les garanties désirables pour l'élégance et la commodité de sa coupe ; elle place les ressorts et les baleines conformément à la santé ou au tempérament des dames. On fait des envois en province et à l'étranger.

On peut demander la méthode Millot ; avec cette méthode une dame peut se prendre la mesure seule et recevoir un corset bien fait.

174. — DORÉ, SERRURIER-MÉCANICIEN, à Paris, rue Pierre-Lescot, n. 25, près la place du Palais-Royal.

N. B. Ne pas confondre avec le serrurier du n. 27.

Ce serrurier, mentionné honorablement à l'exposition de 1839, a imaginé un genre de fabrication qui met ses *coffres-forts* à l'abri de tel taillant ou foret que ce soit. Ces coffres offrent l'avantage, pour s'en servir, d'avoir une serrure indépendante à volonté, qui peut se fermer avec ou sans la combinaison, quand on veut quitter momentanément sa caisse. En outre, ses serrures sont fermées par des cache-entrées qui ne cèdent que lorsque la combinaison est soumise ; mais, lors même que par la violence l'ornement qui sert de cache-entrée serait détruit, le malfaiteur rencontrerait une plaque d'acier trempé qui vient encore barrer l'entrée de la serrure.

Il fabrique généralement tout ce qui concerne la haute serrurerie.

175. — FANON, layetier-coffretier, à Paris, rue Montmartre, n. 170 et 172.

Ce layetier, qui déjà a obtenu des citations aux expositions nationales de 1834 et 1839, confectionne spécialement des boîtes d'emballage pour dames, très variées et très commodes, pour tous les usages auxquels on les destine.

176. — MINICH, ingénieur et fabricant breveté de calorifères, à Paris, rue de la Roquette, n. 53.

Fabrique de nouveaux calorifères pyrométriques à feu visible du prix de 25 fr., et ne consommant par jour que pour 15 cent. de combustible. Il tient en outre un grand assortiment de fourneaux pour cuisine, ainsi que de cheminées en tous genres.

177. — BATAILLE, serrurier-mécanicien, fabricant de MEUBLES EN FER PLEIN, à Paris, rue de la Pépinière, n. 74.

Le succès des *meubles en fer* va toujours tellement en croissant, que plusieurs serruriers-mécaniciens, au nombre desquels figure avec avantage M. Bataille, en fabriquent tout particulièrement. Seulement M. Bataille les établit spécialement en fer plein, et les orne, comme le prouvent ceux exposés, avec un luxe qui permet de les placer même dans les plus riches salons.

178. — AGARD, fabricant de JARDINIÈRES et d'ARROSOIRS, à Paris, rue de l'Arcade, n. 26.

M. Agard a imaginé les *jardinières* à *étagères* et les candélabres porte-fleurs qu'il expose pour faciliter aux amateurs de fleurs la douce jouissance de les conserver belles et fraîches aussi long-temps que possible. Depuis quelque temps il confectionne un arrosoir fort commode pour les jardiniers; il tient en outre les pompes de jardin, et pratique un étamage perfectionné qui donne au fer la couleur et le brillant de l'argent..

179. — VIDRON, fabricant de BROSSES, à Paris, rue Rambuteau, n. 43.

Ce fabricant se livre particulièrement à la fabrication des bros-

ses en ivoire, et il est arrivé à les confectionner avec la plus
grande perfection au moyen de machines de son invention, qui
lui facilitent la rapidité et la précision dont il a besoin dans ce
genre de travail. Ses brosses à tête, à habit, unies ou sculptées,
sont fort appréciées dans la fabrique de Paris.

180. — BRIET, fabricant d'orfévrerie plaquée et inventeur breveté de l'APPAREIL GAZOGINE
portatif, à Paris, rue Notre-Dame-de-Nazareth,
n. 29.

L'appareil appelé *gazogine portatif* que vient d'inventer M.
Briet, et dont le volume n'est que du double d'une bouteille, est
destiné à fabriquer instantanément de l'eau de Seltz, du vin ga-
zeux, de la limonade gazeuse, tout en chargeant les liquides de
gaz pur et sans aucun mélange d'acide.

M. Briet fabrique en outre toute l'orfévrerie plaquée.

181. — CABEU, lampiste breveté, à Paris,
rue de la Grande-Friperie, n. 21, près la rue
Saint-Honoré.

Ce fabricant, qui obtint une mention honorable à l'exposition
nationale de 1859, a perfectionné un système de lampes à lyre,
de manière à obtenir toute sécurité contre les fuites ; elle brûle à
blanc comme les Carcels sans laisser trace de fumée ; son service
est facile, et se fait au moyen d'un bouchon qui est à demeure,
et permet d'introduire l'huile et de régler le courant d'air, seule
cause du niveau qu'elle conserve. Ce système supporte fort bien
la réunion de plusieurs becs.

M. Cabeu fabrique aussi des lampes de bureau qui ont l'avantage de ne pas oxyder l'huile.

182. — MULLER fils, fabricant breveté de
vernis, couleurs et panneaux pour les peintres,
à Paris, rue de Chabrol, n. 21.

Fabrique des vernis incolores pour tableaux, aquarelles, papiers peints et peintures intérieures des habitations.

Il fabrique aussi de nouveaux panneaux pour les peintures et
miniatures à l'huile, à l'aquarelle et au pastel ; il a imaginé également des couleurs nouvelles pour la peinture à l'huile, un nouveau vernis blanc au tampon pour gravures noires et coloriées,
cartes de géographie, bois, marbres, etc. Il tient en outre les
vernis de toutes espèces : vernis gras, vernis colorés transparents, florentins, rouges, bleus, jaune, etc., etc., pour métaux.

Huiles nouvelles siccatives décolorées. C'est la seule maison chargée de l'exploitation de l'encre française.

183. — MARNIER, propriétaire de carrières de marbres près de Vichy, à Paris, rue Sainte-Anne, n. 55.

Expose divers échantillons de marbres extraits des carrières qu'il possède à Crechy, près de Vichy, dans le département de l'Allier. Parmi ces échantillons, on remarque des granitelles, des marbres ronceux et des marbres agatisés de la plus grande beauté.

184. — SINOT, épicier, fabricant du *café concentré*, à Paris, aux Deux Oliviers, rue Saint-Honoré, n. 202.

Depuis long-temps M. Sinot s'est attaché à chercher le moyen de brûler le café de manière à ne rien lui laisser perdre de sa force; le parfum qu'il exhale en le brûlant lui paraissait une perte réelle. Mais aujourd'hui il est parvenu à trouver un procédé qui, au lieu de lui laisser répandre son odeur, la concentre dans son intérieur de manière, que c'est à peine si l'on pourrait reconnaître que c'est du café qu'on prépare. Ce mode de concentration lui conserve toute la vertu dont il est susceptible, et double sa force.

185. — JURISCH, fabricant de SEMELLES MOBILES et IMPERMÉABLES, à Paris, rue du Rocher, n. 8.

Les semelles mobiles exposées augmentent la durée des chaussures sans détériorer l'empeigne, sont plus économiques que les ressemelages, et garantissent les pieds contre l'humidité.

186. — MM^{mes} GUESNIER et RIGNOLET (les élèves du pensionnat de), à Paris, rue Charlot, n. 14, au Marais.

La carte exposée a été entièrement exécutée à la main sous la surveillance et d'après les conseils de l'une des directrices. Les élèves seules y ont travaillé. Celles qui méritent une mention particulière en raison de leurs efforts et des soins qu'elles ont apportés à ce travail sont : Mlles A. Pérémé, V. Chanteloux, et E. Placy. Les lettres ont été tracées d'après la méthode de M. E. Binard, professeur d'écriture, dont une pièce d'écriture également faite entièrement à la main, figure dans cette même galerie sous le nº 98.

187. — FIOT, statuaire, à Paris, rue d'Arcole, impasse Sainte-Marine, n. 2.

Maintenant que l'on ne saurait comment loger dans nos appartements exigus les grands produits de la sculpture, c'est une heureuse idée pour orner ces modernes habitations de nos villes d'avoir imaginé les *statuettes*. C'est à cette partie de l'art du sculpteur que M. Fiot se livre tout spécialement.

188. — CHRÉTIEN et Cᵉ, fabricant breveté, à Belleville, rue de Romainville, n. 25.

Société en commandite sous la raison Noel père et Cᵉ, à Paris, rue de Buffault, n. 19.

OROPHOLITHE.

Couverture nouvelle.

La couverture oropholithe présente tous les avantages que l'on peut désirer par sa légèreté, sa solidité, sa durée, que dix années d'expérience ont mises à l'épreuve, et par la modicité de son prix. Cette couverture entièrement hydrofuge s'applique aussi au revêtement des parois des murs dans tous les endroits humides, et se fabrique de toutes couleurs. On peut l'appliquer encore dans les appartements comme tapis, représentant les mosaïques et tous les dessins en général les plus riches et les plus variés; elle a de plus l'avantage de pouvoir être frottée comme le parquet ou d'être lavée.

On l'emploie pour terrasses et chaîneaux, et elle coûte moitié moins que le zinc.

189. — FEUILLATRE, fabricant breveté de garde-robes, à Paris, rue Croix-des-Petits-Champs, n. 39.

Fabrique et expose des *garde-robes mobiles* et *immobiles* hydrauliques, ne craignant pas les inconvénients de la gelée, et des *bidets hydrauliques* pour douches et service de toilette.

190. — T.-M. MONTVIGNIER, fabricant breveté de sièges sphéroïdes, à Paris, rue de la Corderie-du-Temple, n. 15.

L'appareil-siége dit sphéroïde est une fermeture nouvelle des siéges d'aisances par l'eau, mais sans que cette eau tombe dans la fosse, la même servant 15 jours. Ce système peut s'adapter dans toutes les localités, même dans les lieux publics. Crapaudines antiméphitiques, à charnière, dites hydrocotiles, pour les pierres d'éviers, etc., etc., disposées de telle sorte, que le passage de l'eau n'éprouve jamais d'interruption, bien que toute mauvaise odeur qui pourrait s'échapper par le trou soit hermétiquement interceptée.

191.—DEBAIS, plombier-zingueur, fabricant breveté de *cuvettes inodores*, à Paris, rue de la Boule-Rouge, n. 9.

Expose les *cuvettes inodores* à soufflets, système Debais, pour les eaux ménagères, ainsi que des vases à urine du même genre, inodores, invisibles ou mobiles selon l'emplacement, avec doubles soufflets servant de joues de descente à l'usage des établissements publics, tels que café, billards et restaurants. Il entreprend généralement tout ce qui concerne les bâtiments.

192. — KLEIN, ébéniste, breveté d'invention pour ses LITS A RALLONGES, à Paris, rue du Faubourg-Saint-Antoine, n. 110, et rue Traversière-Saint-Antoine, n. 70.

Expose chaque année quelques objets puisés dans ses magasins· Les récompenses qu'il a reçues de l'Académie attestent mieux que toutes les protestations la supériorité des meubles de sa fabrique, à laquelle sont joints d'immenses magasins qui offrent l'assortiment le plus choisi de toute espèce de meubles de fantaisie qui flattent le bon goût, ainsi que tout ce qui compose l'ameublement, et un grand assortiment de siéges de toute espèce.

L'on y remarque aussi quelques objets curieux, tels que la table de 4ᵐ,50 de long sur 2ᵐ,50 de large d'une seule pièce; en acajou massif (dite l'acajou sans pareil), les lits à rallonges qui se raccourcissent par un mécanisme simple et facile, et l'ingénieux marchepied indispensable dont il est l'inventeur. Tous ces meubles nouveaux qui ont tour à tour été admis aux expositions qui se succèdent chaque année, lui ont valu la confiance d'une nombreuse clientèle qui s'accroît journellement, dont il s'efforce de satisfaire les désirs avec exactitude.

193. — DECHANY, fabricant breveté de crémones, à Paris, rue Pierre-Levée, n. 15.

Fabrique des *crémones à poignée* et *à levier*, pour la fermeture des portes et croisées. Ces crémonés fonctionnent par une poigné à galet qui est fixé dans l'intérieur de la boîte, et qui est traversée au milieu par un arbre, au moyen d'une boutonnière. Ce galet fait mouvoir une bascule à fourchette en forme d'équerre, avec le secours d'une goupille qui se trouve fixée au bout de la fourchette, et traverse la boutonnière du galet; de sorte que, lorsqu'on fait mouvoir la poignée, la goupille qui se trouve fixée au bout de la fourchette de la bascule glisse dans la boutonnière du galet, et fait monter ou descendre les verroux d'un seul coup, le tout sans engrenage.

194. — LAHOCHE-BOIN, porcelaines et cristaux, à Paris, à l'Escalier de cristal, au Palais-Royal, n. 152 et 153, et rue de Valois, n. 19.

M. Lahoche-Boin, auquel une médaille d'or fut décernée en 1819, présente les divers objets qui suivent à l'examen du public.

PORCELAINE.

Une paire de grands vases porcelaine décorée, montés bronze doré.
Une jardinière porcelaine, décors vieux genre, montée bronze doré.
Une jardinière porcelaine, décors vieux genre, non montée.
Un déjeuner bleu grand feu, avec décors.
Plusieurs assiettes pour modèle de service, avec peintures, décors et armoiries.

CRISTAUX.

Plusieurs pièces de cristal monté, taillé, gravé, et décoré, pour service de table et fantaisie.

195. — SANDERS, fabricant breveté de fontaines à thé, à Paris, rue Soly, n. 13, quartier du Mail.

Il expose des fontaines à thé dites *fontaines* **SANDERS**, de son invention; elles sont perfectionnées de manière à faire bouillir l'eau avec économie de temps, soit avec des charbons allumés, soit avec l'esprit-de-vin, soit même simplement avec un fer rougi au feu, et elles réunissent pour l'usage la propreté, l'économie et l'utilité.

M. Sanders fabrique en outre tous les articles qui concernent son état, tant ceux à bas prix que les modèles les plus riches, les plus nouveaux, et décorés d'ornements relevés et ciselés.

196. — DUNAN, PHARMACIEN BREVÉTÉ, *fournis-*
seur de la maison du roi, rue du Marché-Saint-
Honoré, n. 5.

Expose de l'*eau balsamique orientale* qui blanchit les dents
et fortifie les gencives, au prix de 1 fr. 50 cent. le flacon. —Il fabrique un papier pour les cors et durillons, au prix de *un franc*
la boîte. — Il tient enfin, au prix de 5 fr. le grand flacon, et de
1 fr. 25 c. le petit, de l'*encre pour marquer le linge.*

197. — HUTIN DELATOUCHE, chamoiseur,
fabricant de buffleterie, à Trye le-Château, près
Gisors (Eure). S'adresser à Paris, chez M. Bail-
let. rue Thévenot, n. 9.

Expose des peaux de buffles préparées, et s'applique à perfectionner cette fabrication de manière que ces cuirs puissent soutenir la concurrence avec tous ceux qui se fabriquent soit en
France, soit à l'étranger.

198. — PAULINE CARREL, *couturière*, à Paris, rue de Rivoli, n. 22 *ter.*

Tient tout spécialement les robes confectionnées, les costumes
d'enfants, les tabliers, mantelets, écharpes, robes de chambre,
robes du matin, robes de ville, de soirée et de bal, les plisses et
manteaux, les douillettes et jupons ouatés, ainsi que les costumes d'uniforme pour les pensions.

199. — DELAFORGE, fabricant breveté de
soufflets de forge, à Paris, rue de Pontoise, n. 12
et 14.

Fabrique spécialement des soufflets de forges et forges portatives
de diverses espèces et dimensions. Parmi ses produits on remarque :

1. Une forge pliante pouvant être renfermée dans une caisse de
$0^m,24$ de profondeur; le soufflet qui est à cette forge permet de
chauffer à souder une barre de $0^m,5$ carré en 10 minutes. Prix,
300 fr.

2. Une *idem* munie de sa cheminée, dont le soufflet est placé
derrière le foyer sur un bâtis en fer, dont toutes les parties sont
soudées ensemble, pouvant chauffer à souder en 10 minutes une
barre de fer de $0^m,5$ carré. Prix, 100 fr.

3. Une carrée avec cheminée, dont le soufflet est renfermé
sous le foyer dans une boîte en tôle, ce qui facilite pour placer cette

forge dans un petit emplacement, garantit le soufflet de tout accident sans en diminuer la force ; de la même dimension que celui de la forge ci-dessus, il produit le même effet; pour le préserver de la chaleur, le foyer est isolé de la boîte. Prix, 100 fr.

200. — GEORGER, distillateur, à Paris, boulevart Montmartre, n. 10.

Ce distillateur fabrique tout spécialement l'EAU FRANÇAISE, qui surpasse par la finesse de son parfum toutes les eaux de Cologne connues; elle se vend 1 fr. 25 cent. le flacon.

Il confectionne également la *poudre* et l'*eau balsamique de Florence* pour l'entretien et la conservation des dents, seuls dentifrices obtenus sans acides. On les vend 1 fr. 50 cent. la boîte de poudre, et 2 fr. 50 cent. le flacon d'eau balsamique.

201. — PIERQUIN, GRANDIN et Cᵉ, fabricants de flanelle, à Reims.

Depuis long-temps les fabricants de flanelle cherchent à arriver à établir une flanelle qui ne rentre pas; déjà MM. Pierquin et Grandin avaient plusieurs fois essayé inutilement, comme beaucoup d'autres, à résoudre ce problème; cependant, après plusieurs essais infructueux, ils sont arrivés à établir cette flanelle, qui réunit toutes les qualités désirables, c'est-à-dire l'avantage de ne point rentrer, et celui de conserver à ce tissu tout son moelleux et sa douceur. Jusqu'ici ces deux qualités si essentielles ne s'étaient point rencontrées dans la flanelle.

Pour y arriver, et contrairement à ce qui se fait ordinairement, ils ont mis dans ce tissu la chaîne en laine cardée, et la trame en laine peignée. Pour preuve, ils exposent divers échantillons de ce genre de flanelle. Maintenant ils peuvent faire cette sorte de flanelle en toutes qualités, c'est-à-dire en qualité extrafine ou en qualité ordinaire; ils exposent un échantillon de flanelle mousseline laine faite de cette manière : la chaîne en laine cardée, et la trame en laine peignée; seulement le tissu est lisse au lieu d'être croisé. Ce genre de flanelle est fort bon à porter l'été.

202. — FÉRON, fabricant de RAMPES, à Paris, rue de Clichy, n. 29.

Expose des modèles de rampes pour lesquelles l'Académie de l'industrie et la société d'encouragement lui ont décerné des médailles d'argent. Il est arrivé, comme l'ont dit les deux rapporteurs de ces sociétés, à se faire remarquer par l'élégance des formes qu'il donne à ses rampes et par la solidité de leurs assemblages.

203. —· CHAULIN, fabricant, breveté du roi, de la reine et de la famille royale, à Paris, rue Saint-Honoré, n. 218, au coin de la rue Richelieu.

Expose l'Encrier siphoïde et le papier hebdomas. L'Encrier siphoïde est le seul qui ait obtenu une *mention honorable* à l'exposition nationale de 1839. *Aucune médaille n'a été décernée par le jury central, aucune mention honorable n'a été accordée par lui à d'autres encriers.* L'encrier siphoïde, *reconnu supérieur à tous les autres*, a obtenu les rapports les plus favorables de plusieurs Sociétés savantes et industrielles. L'encre s'y conserve toujours fluide et claire, sans exiger ni soin ni entretien. Cet encrier convient également aux personnes qui écrivent peu et à celles qui écrivent beaucoup.

L'Encrier siphoïde est en cristal, sans aucun de ces appareils si sujets à se déranger, et dont le moindre inconvénient est de mettre l'encre en contact direct ou indirect avec un métal quelconque, qui la détériore et la décompose. (*Voir le rapport du jury central*, t. III, p. 441.)

Une médaille d'honneur en argent a été décernée à l'Encrier siphoïde par l'Académie de l'industrie.

Pour éviter les plaintes fondées auxquelles donnent lieu les nombreuses imitations qui ont été faites, les véritables Encriers siphoïdes portent tous l'indication : *Chaulin, breveté.* Prix, 2, 3, 4, 5, 6 fr., et au dessus.

Les Encriers héraldiques avec siphoïde, dont les modèles établis par M. Chaulin ont été déposés, sont, dans leur genre, ce qu'il y de plus élégant et de plus distingué.

Papier hebdomas. Ce papier fashionable se distingue de tous ceux qui ont été publiés jusqu'à ce jour, autant par l'exactitude des vignettes, dont les dessins ont été faits par l'un de nos premiers artistes, que par l'élégance et la pureté des couleurs, qui en font de véritables aquarelles. Chaque jour a son époque, ses personnages, ses costumes. Ainsi, par exemple, *Lundi*, costumes du règne de Henri III ; — *Mardi*, époque de Louis XIII ;—*Mercredi*. Louis XV ;—*Jeudi*, époque du roi Jean ; — *Vendredi*, de Charles VI ; — *Samedi*, de Louis XIV ;—*Dimanche*, de Louis XII.

Prix, 1 fr. 50 c. en or ou en couleur, 6 fr. à l'aquarelle, compris le couvercle, qui forme portefeuille.

N. B. M. Chaulin vient de faire fabriquer des plumes siphoïdiennes en acier perfectionné, dont la souplesse |égale celle de la plume d'oie. Ces plumes conviennent à tous les genres d'écriture, et l'encrier siphoïde, en conservant toutes leurs qualités, les rend presque inusables. Prix, 8 fr. la grosse.

204. — TROUILLET, fabricant de PATE VÉGÉTALE *savonneuse*, à Montreuil-sous-Bois, près Paris ; et dépôt à Paris, chez M. Delnef, rue de la Poterie, n. 22.

M. Trouillet, qui s'occupe depuis dix années des applications industrielles de la botanique, vient d'arriver à pouvoir composer une pâte purement végétale, propre à remplacer avec succès tous les savons, tant pour la barbe que pour la toilette, tout en étant complétement exempte d'alcali ; elle ne laisse rien à désirer, et se vend en pots au prix de 1 fr. 50 cent., chez M. Delnef, à Paris, rue de la Poterie-des-Arcis, n. 22, et à la fabrique, à Montreuil-sous-Bois.

205.—DELNEF, fabricant de PATE DE RÉGLISSE et de PATE PECTORALE, à Paris, rue de la Poterie-des-Arcis, n. 22, près la rue de la Verrerie.

M. Delnef fabrique chaque année une immense quantité de pâte de réglisse, qu'il met sous toutes les formes et enjolive de toutes sortes d'empreintes. Il expose un assortiment de ses divers produits, que plusieurs médecins ont recommandés avec succès dans quelques affections légères de poitrine et des bronches. M. Delnef prie le public de ne pas confondre ses produits avec ceux de quelques fabricants qui cherchent à les imiter.

206. — BIANQUIN, pharmacien, à Saumur (Maine-et-Loir).

Depuis quelques années le vin de Champagne trouve dans certaines qualités de Bourgogne une concurrence redoutable; mais actuellement voici jusqu'au vin des côteaux de Saumur qui vient encore rivaliser, et même avec succès, contre les petits vins de Champagne; aussi le débit de ce nouveau vin mousseux augmente considérablement chaque année.

207. — LEPAUL, serrurier-mécanicien, fournisseur de Leurs Majestés le Roi, la Reine, la famille royale, et de l'armée, à Paris, rue de la Paix, n. 2.

Expose : Une grande caisse coffre-fort doublé de fer, de 1^m,80 de hauteur, 90 cent. de largeur, et 50 cent. de profondeur, avec une serrure à double pompe, et une combinaison sans point d'appui, garni de clous trempés de son invention;

Plusieurs serrures ciselées et dorées perfectionnées et à pompe.

Des serrures à double pompe de son invention, du prix de 25 francs, au lieu de 80;

Des verrous de 16, 17, 18 et 20 fr., au lieu de 40 à 50;

Deux cache-entrées à engrenages et à serrures à pompe de sûreté pour le voyage, de son invention;

Deux cache-entrées montés avec vis à pêne et à pompe;

Deux cache-entrées à engrenage simple;

Deux cache-entrées simples;

Deux verrous à sonnettes pour le voyage;

Six combinaisons nouvelles perfectionnees et sans point d'appui.

Quatre fers à cheval faits à la mécanique et fabriqués par un nouveau système de levier;

Plusieurs articles de ménage en fer poli, de sa fabrique de Plombières.

208. — TANNERIE, maréchal, inventeur d'une CHARRUE, à Vernon (Eure).

Expose une charrue en fer qu'il a fait fonctionner avec le plus brillant succès devant toutes les autorités dans le département de l'Eure, où elle a remporté un avantage marqué sur toutes les charrues connues jusqu'à ce jour, ce qui lui a mérité une médaille d'or.

209. — MONFORT, fabricant de CIRAGE, à Paris, rue de l'Université, n. 108.

Fabrique sur une des plus grandes échelles, à Paris, ce produit, que Paris fournira bientôt en aussi grande quantité que le faisait Londres depuis si long-temps.

210. — L. LEMAIRE-DAIMÉ, fabricant breveté de cannes, à Paris, rue du Petit-Carreau, n. 7.

Fabrique des cannes et pommes de cannes, et tient une riche collection des plus variées et dans le plus nouveau goût de cannes et pommes de cannes, pour la France et l'exportation.

211. — EVANS, naturaliste préparateur D'ANIMAUX EMPAILLÉS, à Paris, jadis rue Jacob, n. 54, maintenant quai Voltaire.

Ce naturaliste monte et compose des groupes d'oiseaux en tous genres. Il démontre l'art d'empailler d'après une méthode sûre et facile.

On trouve dans son cabinet tout ce qui est relatif à cet art.

Mme Evans donne aussi des leçons de taxidermie aux dames.

212. — GUITTON, épicier, fabricant breveté de CIRAGE, fournisseur de la maison du roi, à Paris, rue des Vieux-Augustins, n. 58, aux *Quatre Couleurs*.

Expose : 1° Du cirage pour chaussures ; 2° du cirage sans acide pour harnais ; 3° du cirage-vernis également sans acide.

Ce cirage, qui a obtenu une mention honorable à l'exposition de 1839, est fabriqué à l'huile et à l'esprit-de-vin, et convient parfaitement aux chaussures : car, tout en leur donnant un brillant incomparable, il ne les altère jamais, et se prête à merveille à leur conservation.

213. — CAPRON aîné, successeur de son père, fabricant d'instruments de chirurgie, à l'*E-
toile couronnée*, à Paris, rue de l'Ecole-de-Médecine, n. 10.

Coutelier de plusieurs hôpitaux civils et militaires, connu
avantageusement pour la fabrication des lancettes et les repassa-
ges, fait tous les instruments de chirurgie en or, argent, ainsi
que la coutellerie de première qualité, tient un assortiment complet d'instruments de gomme élastique et bandages.

Cette maison, qu'il conduit depuis six ans comme successeur de
son père, est connue depuis vingt-cinq ans pour la perfection de
ses lancettes et de ses tranchants.

214. — VERSTAEN, serrurier-mécanicien,
et fabricant DE COFFRES-FORTS, à Paris, rue Bau-
jolais, n. 6 et 7, au Marais.

Expose une caisse coffre-fort doublée en fer battu, avec serrure
incrochetable, combinaison sans point d'appui, et dont le mot se
change à volonté sans démonter la combinaison; mécanisme d'un
nouveau modèle. De plus, il y a à l'intérieur de la caisse
deux tiroirs en fer dits *serre-papiers*, incombustibles, de son invention, fermant à secret.

Serrure pour appartement, nouveau modèle, 22 à 25 fr.
Serrure incrochetable, 22 à 25 fr.

215. — G. LAURY, fabricant breveté pour
de *nouvelles* CHEMINÉES, CALORIFÈRES d'appartements, et calorifères de construction pour le
chauffage de grands hôtels et palais, à Paris,
rue Tronchet, n. 29 et 31.

Livré depuis long-temps à de savantes recherches, à des études consciencieuses, à des travaux opiniâtres, **M.** Laury est parvenu à réaliser différents systèmes de chauffage, qui, par l'économie du combustible, par la sécurité qu'ils donnent en préservant
des feux de cheminées et de la fumée des cheminées voisines, se
classent désormais parmi les progrès les plus utiles. Nous ne par-
lerons pas ici de ces riches œuvres de fumisterie, dont la forme
élégante, les ornements variés, les belles ciselures, attirent chaque jour des éloges à **M.** Laury. Le point principal qui nous attache, c'est la bonté du système étudié et mis au jour par cet
ingénieux industriel : le mérite attaché à cette découverte est
une victoire pour son auteur : car c'est lui, c'est **M.** Laury qui
a expliqué l'embarras de ses devanciers; c'est lui qui, en sortant

de l'habitude ou plutôt de la routine où son art fut long-temps stagnant et isolé, a résolu une question d'autant plus importante, qu'elle appartient à nos besoins communs de tous les jours.

Les appareils de M. Laury s'adaptent à toute espèce de cheminée et dans toutes les localités : leur invention et leur perfectionnement ont valu à M. Laury 13 brevets et plusieurs médailles d'honneur. L'expérience leur a donné désormais une supériorité sur tous les autres systèmes.

Dans la vaste carrière de ses combinaisons ingénieuses, M. Laury a obtenu des succès qui témoignent de ses efforts et de son application. Nous lui devons les grands calorifères de construction à concentrateur pour le chauffage de grands hôtels et de palais, les *foyers à réservoirs de chaleur* avec grilles régulatrices, les *foyers mobiles* perfectionnés, les *foyers à rideaux circulaires* fixes et mobiles, les *cheminées culinaires*, les *cheminées calorifères*, les *calorifères fumivores*, etc., aussi élégants qu'utiles, aussi magnifiques que précieux. Il garantit que ces appareils chauffent au bois, au charbon, au coke ou à l'anthracite, à volonté.

Enfin M. Laury vient d'imaginer un nouveau système de petite dimension, facile à mobiliser, qui, sans le secours de cheminée ni issue pour la fumée, chauffe les appartements avec les mêmes avantages que si ces dispositions existaient. C'est une précieuse découverte pour les localités qui, faute de moyen de chauffage, ne peuvent être habitées dans la saison rigoureuse.

En visitant les immenses magasins de M. Laury, rue Tronchet, 29 et 31, et rue Neuve-des-Mathurins, 69 et 71, près la Madeleine, on est ébloui par le luxe qui règne dans cette fabrication. Ceci est sans doute une recommandation spéciale pour le grand monde, qui comprend que dans nos salons le foyer doit être le premier annobli de parures et de richesses; mais ne cherchez point dans ces dorures perfectionnées, dans ces cisulures délicates, dans tout l'air artistique et noble qui règne sur tous les appareils de chauffage de M. Laury, la pensée intime qui a occupé et qui occupe toujours leur auteur. L'objet unique et constant des recherches de ce caminologiste, c'est la bonté de ses systèmes, c'est leur appréciation dans le monde, c'est enfin leur adoption, car il est juste de croire que bientôt ils seront généralement adoptés.

Il est inutile d'ajouter ici que M. Laury, dans ses travaux, n'a pas seulement songé à satisfaire les exigences des riches; mais il a voulu aussi rendre ses produits accessibles à toutes les fortunes, et dispenser les progrès au profit de tout le monde.

216. — SAMSON, fabricant d'instruments de chirurgie, à Paris, rue de l'Ecole-de-Médecine, n. 30.

Fabrique et expose des boîtes d'instruments divers, des bras et jambes mécaniques, une boîte de secours adoptée par le conseil de salubrité de la préfecture de police, et plusieurs autres objets, tous confectionnés dans ses ateliers.

217. — ARRAULT, pharmacien, fabricant de *produits chimiques*, à Paris, rue Neuve-Breda, n. 23.

Fabrique tous les produits chimiques et pharmaceutiques, et expose :

1º Plusieurs échantillons de ses produits ;

2º Des modèles de sacs et porte-manteaux d'ambulance pour infanterie et cavalerie.

218. — VLÉMINCKS, chirurgien-dentiste, à Paris, rue de Richelieu, n. 32.

Expose des dents minérales perfectionnées, tant pour leur forme que pour leur couleur, ayant toute l'apparence de la vie, et se vendant à un prix très modéré. Il tient aussi une pâte métallique pour les dents cariées devenant promptement très solide.

219.—LEUN, fournisseur de verreries et poteries pour jardins du Muséum et du Jardin du Roi, à Paris, rue des Deux-Ponts, n. 31, île Saint-Louis, entre le pont Marie et celui de la Tournelle.

Expose un assortiment d'articles spéciaux à l'agriculture et au jardinage, tels que

Verres percés pour boutures, remplaçant avec avantage les pots en terre ;

Marcottes en verre.

Grand assortiment de cloches à jardin de toutes grandeurs.

Seul dépôt d'étiquettes en porcelaine pour jardin, et aussi pour vins et liqueurs.

Spécialité pour bocaux à fœtus et tout ce qui concerne l'histoire naturelle.

Capsules à brome pour daguerréotype.

Assortiment général de porcelaines, cristaux et verreries.

220. — MONMORY et RAPHANEL, fabricants brevetés de couleurs, à Paris, rue Saint-Méry, n. 9.

Prépare une couleur siccative et brillante pour la mise en couleur des carreaux et parquets d'appartements, ayant l'immense avantage d'être solide, d'une odeur agréable, et de n'avoir pas besoin d'être frottée, de sécher en deux heures de temps dans toute saison, et d'être du plus beau brillant, sans avoir l'inconvénient de faire glisser comme la cire.

Il y a du rouge, du jaune, et couleur noyer.

Manière de s'en servir :

Toute personne peut l'employer; il faut que le carreau ou parquet soit nettoyé et sec, puis avec un pinceau propre, bien remuer et l'étendre légèrement. En ne donnant qu'une couche, on peut conserver les veines du bois.

Au bout d'une heure ou une heure et demie, on peut passer la deuxième couche, et deux heures après s'installer dans la pièce.

Lorsqu'elle est salie par la boue des pieds, on peut laver avec une éponge, laisser sécher, puis essuyer avec un mauvais chiffon, et le brillant reparaît.

Il faut tenir le vase qui le contient bien bouché, afin d'éviter l'évaporation.

Dans les endroits qui fatiguent le plus, on peut passer un linge imbibé d'un peu d'huile de lin.

Un demi-kilo suffit pour 3 mètres carrés à deux couches.

Le prix est de ' fr. 50 cent. le demi-kilo.

Il y a des vases depuis 1 kilo jusqu'à 100, et plus.

On peut nettoyer le pinceau avec un peu d'esprit-de-vin.

221. — VOITELAIN, fabricant de cheminées, à Paris, rue Bourbon-Villeneuve, n. 57.

Fabrique tous les genres de cheminées et de calorifères, et tient particulièrement un assortiment de cheminées à foyer mobile reconnues aujourd'hui celles du meilleur usage.

222. — CHEMELAT, *coutelier*, à Paris, rue de la Vieille-Bouclerie, n. 5.

Les rasoirs évidés de M. Chemelat jouissent de la meilleure réputation; et, quoique d'un prix très modéré, ils soutiennent avec succès la concurrence contre les meilleurs rasoirs anglais.

223. — VERDIER, fabricant breveté de *siéges inodores*, avenue et commune de Neuilly (Seine), rue de Seine, n. 10.

Siége à couvercle hermétique intérieur, préservant les lieux d'aisance de toute mauvaise odeur sans consommation d'eau. Celle qu'on emploie, mais qui ne se consomme pas, sert seulement à fermer le joint hydraulique, moyen infaillible de clore hermétiquement; combinaison particulière pour empêcher que rien ne puisse gâter l'eau, qui n'est pas même pas susceptible de geler. L'appareil, quoique la boîte qui contient l'eau soit en fonte, est portatif; sa forme est celle d'un tiroir ordinaire de secrétaire. Pose on ne peut plus facile. Le couvercle et les garnitures sont en cuivre poli. Tout est apparent. Simplicité, solidité, propreté, succès garanti.

Il y a des appareils dont la garniture est en tôle galvanisée avec ou sans le système de fermeture obligée.

Un dépôt sera prochainement établi à Paris. En attendant, écrire à M. Verdier, à l'adresse ci-dessus.

224. — LAMY, ferblantier, fabricant de zinc, à Paris, boulevart Beaumarchais, n. 63.

Se livre particulièrement à la fabrication des baignoires et autres objets en zinc poli, pouvant toujours être maintenus propres, et réunissant la solidité à l'élégance des formes.

225. — BÉROLLA, fabricant d'horlogerie, et particulièrement de PENDULES DE VOYAGE, à Paris, rue de la Tour, n. 2, derrière le théâtre de la Gaîté.

Fabrique et expose des *pendules de voyage* ou *portatives* avec répétition d'heures et de quarts, sonnant à volonté; plus diverses autres pièces d'horlogerie confectionnées dans ses ateliers.

226.— FICHTEMBERG, fabricant de *crayons en couleurs* et imprimeur, à Paris, rue de la Vieille-Monnaie, n. 17.

Expose des papiers imprimés en relief avec huit ou dix couleurs à la fois; plus des crayons en mine de plomb naturelle de cinq degrés de dureté, et des crayons montés en bois de couleurs très fines.

227. — ARMAND CLERC, mécanicien, honoré de plusieurs médailles, directeur-fondateur d'une institution industrielle et philanthropique d'enseignement pratique destinée aux orphelins, pour l'exécution des outils et des machines nécessaires à la fabrication de l'horlogerie, à Paris,

rue du Buisson-Saint-Louis, n. 16, faubourg du Temple.

Cette institution est sous la surveillance d'un conseil d'administration nommé par l'assemblée générale des souscriptions à cette œuvre de bienfaisance.

M. Soccard Magnier, adjoint au maire du 5ᵉ arrondissement, est trésorier de l'institution, et il reçoit les souscriptions, rue du Faubourg-Poissonnière, n. 19.

Chaque souscripteur, conformément aux statuts, peut présenter un orphelin.

M. Armand Clerc fabrique divers articles pour l'économie domestique, barattes rotatives perfectionnées, coupe-légumes, presse-purée, planches à couteau, affiloirs à cylindre et à chevalet, hache-paille perfectionné, charrues pour les jardins, et autres petits instruments aratoires.

Il expose un appareil utile aux artistes et aux amateurs dessinateurs, peintres de portraits et de paysages. Cet appareil sert à prévenir beaucoup d'erreurs dans la mise en place des différentes lignes.

228.—DURIEUX, fabricant de FLEURS ARTIFICIELLES, à Paris, rue du Faubourg Montmartre, n. 4.

Auteur et inventeur de la serre artificielle que l'on a vue pendant plusieurs années aux Champs-Elysées, M. Durieux fabrique les plantes ou fleurs artificielles au prix le plus modéré, tout en leur donnant le plus grand degré de perfection.

229. — BAUDRY, ébéniste du Roi, des Princes et Princesses, fabricant breveté des lits doubles, à Paris, rue Neuve-Saint-Roch, n. 10, et rue Neuve-des-Petits-Champs, n. 62.

Les lits doubles de M. Baudry offrent l'avantage, surtout dans les petits appartements, de renfermer un second et troisième lits garnis tous de matelas et sommiers élastiques de même longueur, et se séparant à volonté les uns des autres.

230. — EDOUARD LECOEUR, fabricant breveté de lettres en relief, à Paris, boulevart Montmartre, n. 1.

Les lettres en relief à biseau de M. Edouard Lecœur lui ont mérité une médaille à l'exposition nationale de 1839.

Il en tient toujours plus de 20,000 en magasin toutes prêtes à

être posées ou expédiées dans les vingt-quatre heures de la com-
mande.

231. — LAINÉ, fabricant de *cartons de bureau*, à Paris, rue Saint-Martin, n. 296.

Fabrique et expose des cartons de bureau et de magasin d'une nouvelle invention, plus solides et moins chers que les anciens, ce qu'il lui est permis d'obtenir au moyen de son nouveau procédé pour couper les feuilles de carton.

232, —METFREDERQUE, vernisseur, à Paris, rue de la Pépinière, n. 23.

Se livre tout particulièrement à l'art de vernir les objets en fer brut et en fonte, et de leur donner le même aspect que lorsque ces objets ont été ou polis ou réparés. Il expose plusieurs espagnolettes.

233. — ANDRIOT, Espagnolettes-Pantoclies (3 brevets). *Etablissement spécial*, rue Rochechouart, n. 23.

Ce nouveau système de croisées, bibliothèques, porte-cochères, etc., de l'invention de M. Andriot, offre une combinaison aussi simple qu'ingénieuse, qui, au moyen d'une seule tringle fermant en *descendant*, ainsi que la poignée, et par un puissant moyen de rappel si précieux pour les fenêtres d'une grande dimension, a pour effet de conserver les assemblages des croisées, qu'il tient comme *suspendues;* résultat qu'on ne peut atteindre ni avec l'ancien système d'espagnolettes ni avec celles dites *crémones.*

Ce système, distingué de tous les autres par une mention honorable à la dernière exposition et une médaille d'argent à la société d'encouragement, offre à la fois élégance, commodité et économie; aussi a-t-il été adopté pour les grands travaux du palais d'Orsay et ceux de l'Hôtel-de-Ville.

234. — BONNEFOND, fabricant de poteries, à Lezoux (Puy-de-Dôme).

M. Bonnefond a eu la bonne idée de relever les anciens fours et ateliers que les Romains avaient établis en Auvergne, et qui à cette époque jouissaient déjà d'une grande réputation. Cet industriel a profité des perfectionnements que l'art a faits depuis ces temps antiques, et a cherché lui-même à y apporter d'heureux perfectionnements soit par le choix des terres, soit par un mou-

lage plus parfait, soit enfin par des procédés qui lui sont particuliers. Les poteries qu'il fabrique ainsi se distinguent surtout
par leurs formes pures, leur élégance, leur légèreté, et par la
résistance qu'elles opposent à l'action destructive du feu, sans
jamais contracter de mauvais goût, et enfin par un prix très modéré et à la portée des plus humbles fortunes.

235. — TEXIER, sculpteur, fabricant breveté
de *statues* en PIERRE FACTICE, analogue au *ciment
de Dhil*, à Montmartre, Chemin-Neuf, rue
Sainte-Marie-Blanche, 1, près la barrière Blanche.

Les statues en pierre factice de M. Texier, en ayant la propriété, comme celles du ciment de Dhil, de durcir et de se conserver au grand air, et de ne pas craindre les intempéries des
saisons, obtiennent chaque jour un nouveau succès; on peut,
en examinant les divers objets qu'il expose, s'assurer de la finesse du grain et de la perfection qu'il donne à ses produits.

236. — DUVOIR-LEBLANC (Léon), fumiste
breveté à Paris, rue Notre-Dame-des-Champs,
n. 24.

M. Duvoir-Leblanc, auquel ont été décernées cinq médailles,
dont deux en or, ayant été chargé du chauffage du Palais-d'Orsay, de l'Observatoire royal, de la Chambre des Pairs, de la
Maison royale de Charenton, du Ministère de l'Instruction publique, des Jeunes-Aveugles, de l'Hôtel royal des Invalides, du
Val-de-Grâce, de la Préfecture, des Tribunaux et des Travaux
publics.
A obtenu, comme inventeur, pour ces nouveaux modes de chauffage, l'assentiment des commissions nommées par M. le ministre
des travaux publics; ils ont été reconnus les meilleurs systèmes
de chauffage et de ventilation par les commissions des hospices,
d'horticulture et des prisons pénitencières.
Il expose un *poële calorifère portatif à eau* pour chauffage de
serres et appartements.

237. — CHIROUZE, fabricant de CHEMINÉES,
à Paris, rue Montmartre, n. 158.

Fabrique des cheminées d'une forme élégante, des calorifères, des cuisinières flamandes, objets tous remarquables par la modicité de leur prix. Il expose une cheminée à foyer mobile et un petit calorifère portatif.

238. — DURAND DE MONESTROL (marquis d'Esquille), ingénieur-mécanicien, à Paris, rue de Monsigny, n. 5.

SECTION MÉCANIQUE.

M. Durand de Monestrol a été breveté pour un nouveau système de chemin de fer à courbe de petits rayons; système qui offrirait l'immense avantage d'une très grande sûreté pour les voyageurs.

Ce nouveau système présente cinq divisions principales, qu'il a nommées :

1° Essieux à double rotation;
2° Rails de ceinture ou conducteur;
3° Galets latéraux;
4° Rails plats ou de support;
5° Jonctions fixes des wagons.

SECTION DE CHIMIE.

Un autre brevet d'invention a été délivré à M. Durand de Monestrol pour un procédé chimique qu'il nomme *baume fixateur des dessins*, et qui a la propriété de rendre inaltérable toute espèce de dessins faits soit au crayon à la mine de plomb, soit au pastel et même au fusain.

239. — QUENTIN-DURAND fils, fabricant d'instruments d'agriculture, à Paris, rue du Faubourg-Saint-Denis, n. 189.

Fabrique de nouveaux modèles de machines à battre les blés, de manége portatif, de Tarare, de semoir, plus un hache-paille ou hache-feuilles adopté par les commissaires du gouvernement et par M. Camille Beauvais ; de petites barattes pour faire instantanément un kilo de beurre; et enfin il continue à fabriquer tous les instruments d'agriculture des plus perfectionnés ou modifiés suivant qu'on les lui demande.

240. — LESOUEF (Mme), fabricante de *cols* et de *chemises*, à Paris, rue Neuve-des-Petits-Champs, n. 13.

La fabrication des cols-cravates exige des soins que peu de

personnes savent donner à cet article. Aussi Mme Lesouef, l'ayant compris, s'est appliqué surtout à leur donner ces mêmes soins, et c'est ainsi qu'elle parvient à les confectionner tellement solides et tellement souples, que les cols-cravates qui sortent de ses ateliers jouissent d'une supériorité incontestable.

241. — MONTAGNAC, fabricant de TOILES MÉTALLIQUES, à Paris, fabrique rue des Trois-Bornes, n. 16, et magasin rue Saint-Denis, 266.

Expose des toiles et gazes métalliques à la pièce et sans fin, remarquables par la finesse et la régularité de leurs mailles; aussi soutiennent-elles avec le plus grand succès la concurrence contre celles qui sont fabriquées en Angleterre.

342. — BERAULD, fabricant de *tubes étirés,* à Paris, rue des Vinaigriers, n. 18.

Fabrique et expose des tubes étirés en cuivre qu'il est arrivé à confectionner au moyen d'un banc à tirer qui lui permet de les rouler prêts à être brasés sans le secours du marteau. Ces tubes remarquables par leur perfection ont l'avantage de pouvoir être placés sans être étirés de nouveau.

243. — MOREAU, de Saône-et-Loire, docteur en médecine, inventeur breveté, Paris, rue Neuve-Luxembourg, n. 3.

Expose les dessins modèles d'un nouveau système de pompes à incendie portant échelle de sauvetage.
Cette pompe-échelle, dont l'appareil confectionné de grandeur naturelle a été déposé chez M. Millot, commissionnaire à la barrière de la Gare, justement appréciée par les hommes spéciaux, et regardée par eux comme devant rendre des services importants, est surtout indispensable, dans les localités où la gymnastique n'est point applicable.

244. — COULON, serruriers, fabricant breveté de GRILS DE CUISINE, à Paris, rue de l'Arcade, n. 19.

Vient d'obtenir un brevet d'invention pour un *nouveau gril* qui préserve de la mauvaise odeur et de la fumée dans les cuisines ou les appartements qui les avoisinent ; il offre encore l'avantage de conserver le jus et la graisse des viandes qu'on y fait griller. Cet ustensile de ménage est peu dispendieux , et son utilité sera facilement reconnue par tous ceux qui en feront usage.

245. — GRAFFARD, fabricant de BOUTONS, à Paris, rue Neuve-Saint-Laurent, n. 29.

LES BOUTONS EN CORNE exposés par M. Graffard , et qu'il fabrique depuis 10 ans , ont été successivement perfectionnés au point qu'ils rivalisent avec les boutons de soie les plus parfaits. Cette sorte de boutons, qui avait pris naissance d'abord en France, avait été portée et perfectionnée en Angleterre; mais grâce aux efforts de M. Graffard , nous ne sommes plus tributaires de l'étranger pour cet article , et désormais nous n'aurons rien à craindre de cette concurrence étrangère, car ses instruments pour la confection de ces boutons , qu'il construit lui-même , sont d'une perfection qui lui permettront toujours de pouvoir satisfaire à toutes les demandes et à toutes les fantaisies de la mode.

Il fait aussi le guillochage des porte-crayons et de tous les menus objets.

246. — MILON-MARQUANT , fabricant de *tissus en laine fine*, à Beine, département de la Marne.

Fabrique des burats, voiles et baptistes laine de la dernière finesse avec des chaînes filées à la main. Au lieu des voiles de laine extra-fins de 55 centimètres de largeur qui lui valurent une mention honorable à l'exposition nationale de 1839, il expose un voile extra-fin, ainsi que divers autres échantillons de mousseline laine extra-fine pour robes.

247. — LEBRUN, mécanicien , inventeur breté du *nautile de sauvetage*, à Paris, rue Neuve-des-Mathurins, n. 21.

Expose une CEINTURE qu'il appelle *nautile de sauvetage*, ayant l'avantage de pouvoir soutenir sur l'eau une personne qui ne sait pas nager ; avec le secours de ce petit instrument très portatif, le voyageur surpris par la tempête peut facilement être porté au rivage.

248. — **HEBERT** *neveu*, Cordonnier-bottier, à Paris, rue Saint-Louis, 9, au Marais.

Inventeur breveté de plusieurs systèmes de bottes qui lui ont mérité une citation favorable en 1839 ; expose encore de nouvelles chaussures dont le public pourra facilement apprécier les nombreux avantages.

249. — **LABORDE**, inventeur breveté d'une *Balance de ménage*, à Paris. rue du Faubourg-du-Temple, 50.

Cette balance, aussi utile qu'agréable, peut se poser partout et ne s'attache nulle part ; placée sur un buffet de salle à manger, elle est un objet d'ornement qui reste sous les yeux comme pour rappeler à la maîtresse de la maison que le bon ordre veut qu'elle vérifie le poids des provisions qu'on lui apporte. L'effet moral que cet objet de ménage produit est déjà apprécié, car, tel qui avait contracté la coupable habitude de tromper, ne l'ose plus quand il voit l'instrument vérificateur toujours en permanence prêt à le confondre. Cette balance est d'autant plus utile que, ne formant qu'un seul ensemble, on ne peut en égarer aucune pièce ni perdre les poids, puisqu'il n'en faut pas ; de plus, elle n'est jamais sujette à aucun dérangement.

250. — **BEAU** (Rosalie-Isidore), ancien notaire, à Paris, rue Saint-Pierre-Montmartre, 12.

Daguerréotype de la correspondance. — *Le copiste électro-chimique*, nouveau système utile à toutes les professions. *Appareil* très simple et très portatif, contenant tout ce qu'il faut pour copier partout instantanément, sur registres ou sur feuilles détachées, *sans presse*, les lettres, factures, cartes géographiques et dessins en noir ou en couleurs variées. *Ce système est le seul où la copie s'exécute toujours en quelques secondes à vue d'œil, et ne peut être manquée.*

Encre inaltérable aux acides. — Papier de sûreté.

Prix : de 25 à 60 francs, y compris le registre, le flacon d'encre, les papiers, fournitures de bureaux et la boîte renfermant le tout.

251. — DUJAT, arquebusier breveté, à Paris, rue Neuve-des-Mathurins, 49.

Le fusil système Charoy se charge par la culasse. La portée en est excellente; n'ayant point de perte de gaz. Il se charge avec ou sans cartouche, selon l'habitude du chasseur, qui peut alors régler lui-même sa charge.

252. — MAHYET, successeur de VALLON, fabricant breveté de coutellerie et du décrassoir infaillible, à Paris, galerie Véro-Dodat, 24.

Ce fabricant auquel, en 1827, 1834 et 1839 il a été décerné des médailles d'encouragement, vient d'obtenir un brevet d'invention pour ses taille-crayons et pour ses décrassoirs infaillibles.

Ce dernier instrument, qu'il exploite de société avec M. Amiot, dont le nom figure dans ce livret sous le n. 169, sert à nettoyer à fond tous les peignes sans risquer d'en casser les dents et aussi rapidement que possible.

Quant au taille-crayons, il offre l'avantage de tailler tous les crayons à dessins, d'enlever autant de bois et de faire la pointe aussi fine qu'on peut le désirer, et cela sans se salir les doigts.

253. — FÉRAGUS, serrurier-mécanicien et fabricant breveté de CRÉMONES, à Paris, rue de Breda, 27.

Les Crémones que fabrique M. Féragus sont les premières que l'on ait placées à Paris; chaque année il apporte dans leur confection des améliorations qui, tout en les perfectionnant, les rendent plus économiques et beaucoup plus solides.

254. — BEURNAUX, bijoutier, à Paris, rue des Gravilliers, 28, passage de Rome, escalier 17, maison du batteur d'or.

Fabrique tout spécialement comme bijoutier la chaîne de fantaisie en tous genres pour l'exportation.

255. — BLONDEAU, fabricant de *Pantographes*, à Paris, rue Montesquieu, 6.

Depuis plusieurs années M. Blondeau s'est mis à fabriquer tout spécialement les *Pantographes*, instrument destiné à permettre de réduire ou d'augmenter à volonté avec la plus grande facilité le trait de tous les dessins, plans ou tableaux. Les Pantographes de M. Blondeau sont d'un prix très modéré et beaucoup plus commodes que ceux dont on se servait autrefois.

256. — CERBELAUD, fabricant breveté de calorifères, à Paris, rue Saint-Lazarre, 101.

Ce fabricant expose un grand calorifère destiné au chauffage des palais et des grands établissements. Il fonctionne depuis longtemps avec le plus heureux succès. Il construit également des calorifères portatifs et divers autres appareils de chauffage pour l'économie domestique et pour les petits appartements.

Nota. Les numéros des produits exposés qui ne se trouvent pas sur ce Catalogue n'ont pu y être placés, parce que les exposants n'ont pas fait inscrire leurs noms en temps utile.

———

ERRATA.

N° **3,** au lieu de rue Neuve-des-Petits-Champs, n° 5, *lisez* n° 52.

N° **56,** à la huitième ligne de l'article de M. MOUSSIER-FIÈVRE, au lieu de son prix de 4 fr. le kilo est très modéré, *lisez :* il reprend cet alliage, une fois usé, à 4 fr. le kilogr., et son prix, façonné, est très modéré.

N° **231,** à l'article de M. LAINÉ, fabricant de cartons de bureau, à Paris, au lieu de rue Saint-Martin, n. 296, *lisez :* auparavant rue Michel-le-Comte, 34; aujourd'hui rue Saint-Martin, n. 96.

TABLES

PAR ORDRE DE NOMS ET D'INDUSTRIES.

TABLE PAR ORDRE DE NOMS.

TABLE PAR ORDRE D'INDUSTRIES.